全家人的
健康营养早餐

甘智荣 主编

U0335997

国家一级出版社
全国百佳图书出版单位

中国纺织出版社

图书在版编目（CIP）数据

全家人的健康营养早餐 / 甘智荣主编 . -- 北京：
中国纺织出版社，2019.8
（幸福小"食"光）
ISBN 978-7-5180-6099-3

Ⅰ . ①全… Ⅱ . ①甘… Ⅲ . ①食谱 Ⅳ .
① TS972.12

中国版本图书馆 CIP 数据核字 (2019) 第 063518 号

责任编辑：舒文慧　　特约编辑：范红梅
责任校对：王花妮　　责任印制：王艳丽

中国纺织出版社出版发行
地址：北京市朝阳区百子湾东里 A407 号楼　邮政编码：100124
销售电话：010 — 67004422　传真：010 — 87155801
http://www.c-textilep.com
E-mail: faxing@c-textilep.com
中国纺织出版社天猫旗舰店
官方微博 http://weibo.com/2119887771
深圳市雅佳图印刷有限公司印刷　各地新华书店经销
2019 年 8 月第 1 版第 1 次印刷
开本：710×1000　1 / 16　印张：10
字数：99 千字　定价：49.80 元

凡购本书，如有缺页、倒页、脱页，由本社图书营销中心调换

目录　Contents

Part ① 早餐这档子事儿

Part ② 熟悉的味道：经典中式早餐

Part ③ 泊来的美味：素雅的西式早餐

Part ④ 精心呵护全家：不同人群的专属早餐

Part ⑤ 健康美味搭配：丰盛的全家营养套餐

Part
1

早餐

这档子事儿

一日之计在于晨，
而早餐就是一天的开始，
吃好一顿早餐是一上午甚至一天精力充沛的必要保证。
那么你真正了解早餐吗？
早餐吃什么？
我们应该如何做早餐呢？
本章将着眼于这些问题，为您解答早餐疑惑。

早餐咋这么重要

早餐吃得好，精神一上午。吃早餐是对我们身体负责的行为，一顿营养的早餐所提供的能量，可以使你在工作或学习中身心愉悦，有利于各项日常工作的正常开展。

均衡营养

早餐是一天中非常重要的一餐，可以补充很多人体所需的重要营养元素，而长期不吃早餐可能会造成某些营养元素的缺乏，最终导致营养不良。清早起来以后就去上班，这时体内没有足够的能量供给身体所有的细胞，学习或工作就很难集中注意力，人也没有精神。不同年龄段的人，都要坚持吃早餐，就可以避免出现营养不良。

不易患胆结石

人体胆汁在晚饭后重新开始储存，一旦第二天没吃早餐，胆汁经过长时间的储存，其中胆固醇的饱和度较高，容易形成胆固醇结晶。而在正常吃早餐的情况下，由于胆囊收缩，使胆固醇随着胆汁排出，同时食物刺激胆汁分泌，而不是瘀积在胆囊内，故不易形成结石。

━━ 有效避免心肌梗死 ━━

长期不吃早餐还容易引发心肌梗死。因为不吃早餐，胃里面没有食物，人体血液里就会形成更多的B型血栓球蛋白，而它正是导致血液凝固、使人易患心肌梗死的蛋白。长期不吃早餐会使血液更加黏稠，血小板容易聚集，一些脂蛋白也很容易在血管内壁上沉淀积累，逐渐形成血栓，所以不吃早餐的人得心肌梗死的概率会比较大。

━━ 有利于大脑发育 ━━

对于青少年来说，这个年龄阶段脑组织正处于发育期，血、氧、葡萄糖的需求量比成人更高。按时吃早餐，有利于脑的发育。此外，科学研究表明，吃早餐还能提高短时的记忆能力。早上醒来后，体内的血糖处于最低水平，而大脑的能量主要来自血糖，所以吃早餐能为大脑提供必要的能量。

━━ 抗衰老、保持体形 ━━

夜间睡眠时没有补充水分，而不显性失水却在持续。清晨睡醒后血液处于较为浓稠的状态，吃早餐可以补充水分，增加血液容量，稀释血液，并补充肾血流量，加速新陈代谢。而不吃早餐，人体会动用体内储存的糖原和蛋白质，会导致皮肤干燥、起皱和贫血，加速衰老，还会使午餐和晚餐吃得更多，瘦身不成，反而更胖。

早餐的饮食原则

想要吃好一顿健康的早餐并不容易，而且日常生活中人们也会有很多关于早餐的错误观念，比如很多认为早餐应当尽量吃得清淡，又或者很多人的早餐吃得太过油腻。因此，树立正确的早餐饮食原则非常重要。

选择最佳就餐时间

早餐的最佳时间是早晨7～8时。经过一夜的睡眠，人体绝大部分器官都得到了充分的休息，但消化器官因为要消化吸收晚餐存留在胃肠道中的食物，一般需到凌晨才进入休息状态。所以早餐不宜吃得太早，否则会干扰胃肠的休息，使消化系统长期处于疲劳运转的状态。7时左右起床，30分钟后吃早餐最合适。这时胃肠道已经苏醒，消化系统开始运转，进食早餐能高效地消化、吸收食物的营养，补充身体所需的能量。

早餐应少甜、忌油腻

早餐过甜或过于油腻会造成胃肠的负担，还可能导致血脂升高。如果实在抵挡不住诱惑，一周一次也未尝不可。早餐还是比较适合营养全面的饮食，尽量少摄入油炸类食品。有的人早餐喜欢吃油条，其实未必不可，但一次不要吃太多，并尽量一周只食用一次。早餐不要吃得太油腻，可以添加一点水果或蔬菜，否则会加重肠胃的负担，对于那些平时身体较弱、肠胃不好的孩子尤其要注意这一点。

早餐宜热不宜冷

我们都知道吃凉的食物对胃的伤害最大，就算夏天也不推荐吃太多凉的食物。胃不好的人应忌生冷食物，尤其是早餐，不能早上一起来就吃冷冻的食物，喝一杯热牛奶、热豆浆都是不错的选择。早餐的食物也要尽量加热过后再食用，这样也有利于食物的消化。

😊 早餐宜少不宜多

早餐摄入的能量占全天总能量的25%~30%，一般吃到七分饱即可。饮食过量会增加胃肠的消化负担，使消化系统功能减弱，引起胃肠道疾病。另外，食物残渣储存于大肠中，被大肠中的细菌分解，其中蛋白质的分解物会经肠壁进入人体血液，容易使人患上血管疾病。

😊 早餐宜软不宜硬

清晨，人体的脾脏困顿呆滞，所以早上一般都没有什么食欲，老年人更是如此。故早餐宜吃容易消化的温热、柔软的食物，如牛奶、豆浆、面条、馄饨等。中国人喜欢喝粥，可以在粥里加一点儿莲子、红枣、山药、桂圆、薏米等食品，能达到很好的养生效果。早餐不宜食用干硬以及较刺激的食物，否则容易导致消化不良。

😊 进食前先喝水

经过一夜的睡眠，人体在呼吸、消化方面均消耗了大量的水分和营养，起床后处于生理性缺水状态，如果只进食常规早餐，远远不能改善生理性缺水。因此，进食早餐前先喝300毫升左右的温开水，不仅可以补充一夜流失的水分，还可以有效清理胃肠道。

早餐的搭配原则

知道早餐的基本饮食原则后，我们要具体了解早餐食材应该如何搭配，以保证早餐能吃得养胃又营养。

粗细搭配

现代人摄取的食物越来越精细，早餐也习惯性食用精制面食，如面包、蛋糕、点心等，长期食用这些食物易引发糖尿病，且粮食在经过加工后往往会损失一些营养物质，尤其是膳食纤维、维生素和矿物质等人体所需要或易缺乏的营养素。因此，在早餐食物的选择方面，应注意粗细粮搭配，食用精制面食时应搭配一些血糖生成指数低的食物，如燕麦、荞麦等。

经过一夜的睡眠，早晨起床时人体正处于需要水分的阶段，早餐既要满足整个上午的营养需要，又要补充人体所需的水分。故早餐应有干有稀，不仅易于消化，还能补充水分。如果早餐的主食是干的，搭配一些诸如牛奶、豆浆之类的稀食，可促进消化，为身体补充水分，还可以协助排出体内废物，降低血液的黏稠度。

干稀搭配

荤素搭配

大多数中国人的早餐都吃得清淡，馒头稀粥配咸菜是典型的中式早餐。其实早餐也不宜吃得太素，营养专家指出，经过一夜的睡眠，人体已经超过10小时没有进食，此时胆囊内充盈了急需排出的高浓度胆汁。而胆囊排出胆汁的条件是当小肠内有高脂肪或高蛋白的食物时，小肠向胆囊发出指令，胆囊收到指令后进行收缩，挤出胆汁进入肠道。如果早餐只选择谷物、蔬菜、水果，而缺少脂肪和蛋白质，那么胆囊就会因无法排出胆汁而容易析出结石，引发胆囊炎。故早餐应该荤素搭配，这样才有利于身体健康。鸡蛋营养丰富，脂肪含量约为10%，是很好的选择；也可以切几片肉佐餐，或在小菜中拌入植物油等。

营养学家建议，早餐应摄取全天约30%的总热量，而在早餐能量来源的比例中，蛋白质、脂肪、碳水化合物的比例应该在3：7：15，谷类食物所占的比例是最大的。此外，人体所需的7大营养素都应该在早餐中得到补充，除了上述三者及水外，还包括维生素、矿物质和膳食纤维。

营养搭配

碳水化合物

碳水化合物是血液中葡萄糖的主要来源，是大脑所需能量的供应者，是营养早餐搭配中最重要的部分。碳水化合物含量丰富的早餐食物主要是谷物类，如馒头、包子、馄饨、米粥、面条、面包等。

脂肪

脂肪分动物脂肪和植物脂肪。动物脂肪主要来自畜禽肉、鱼类、蛋类和乳制品类；植物脂肪主要来自豆类和坚果类，如黄豆、芝麻、核桃、花生等。植物脂肪优于动物脂肪，某些动物脂肪含有饱和脂肪酸和较多的胆固醇，不利于血管的健康。

蛋白质

蛋白质有动物蛋白质和植物蛋白质之分。动物蛋白质主要来自畜禽肉、鱼类、蛋类和乳制品类；植物蛋白质则分布在豆类、谷类、蔬菜和水果中。从蛋白质的质量来看，动物蛋白质优于植物蛋白质；畜类属红肉，禽类和鱼类等属白肉，白肉优于红肉；植物蛋白质中，以黄豆类蛋白质为优。

维生素、矿物质和膳食纤维

维生素主要来自新鲜的蔬菜和水果。海产品如紫菜、海带、海鱼、虾等含较多的钙、磷、碘；贝类、动物内脏、干果等则含锌较多；动物的肝肾、蛋黄等则含铁较多。此外，坚果也含有人体所需的维生素和矿物质。膳食纤维主要来源于蔬菜、水果与谷物，如芹菜、豌豆、胡萝卜、空心菜、苹果、梨子、樱桃、玉米、燕麦等。

常见的早餐食材

谷物类

早餐的食材丰富多样，有中式的、西式的，品类繁多。那么有哪些常见的食材呢？

小米

每100克小米含脂肪1.7克、碳水化合物76.1克，均不低于稻、麦。且小米维生素B_1的含量位居所有粮食之首。

大米

大米中碳水化合物占75%左右，蛋白质占7%~8%，脂肪占1.3%~1.8%，并含有丰富的B族维生素，是早餐常见的食材。

小麦

小麦主要含碳水化合物、脂肪、蛋白质、膳食纤维、钙、磷、钾、维生素B_1、维生素B_2及烟酸等成分。麦麸和麦胚常被加在谷物类早餐食品中，或加入馅料、面粉糕饼里。

玉米

玉米的维生素含量是大米、小麦的5~10倍，还含有钙及多种微量元素。玉米中的维生素B_6、烟酸等成分，具有刺激胃肠蠕动、加速粪便排泄的功效。

黄豆

　　黄豆营养丰富，蛋白质含量比猪肉高2倍，是鸡蛋含量的2.5倍。且黄豆中蛋白质的氨基酸组成比较接近人体所需的氨基酸，容易被消化和吸收。黄豆经常被制成豆浆食用。

牛奶

　　牛奶含有矿物质、钙、磷、铁、锌等营养成分。众所周知，牛奶是人体钙的最佳来源，对于中老年人来说，牛奶中的胆固醇含量较低，喝牛奶不仅能补充钙质，还有利于预防心血管疾病。

红豆

　　红豆主要含蛋白质、碳水化合物等营养成分，可补益脾胃、利水除湿，适合脾胃虚弱者食用。红豆可以磨成豆浆，也可以熬粥食用。

绿豆

　　绿豆富含蛋白质、碳水化合物、维生素B_1、维生素B_2、叶酸等，有利于降血脂、降胆固醇、增强食欲、保肝护肾。

蔬果类

生菜

　　口感爽脆，有些微苦，水分充足，且富含维生素，是沙拉、凉拌菜的首选食材。

西红柿

　　可以丰富三明治的味道与颜色，多汁且酸甜可口，营养丰富，是早餐常吃的蔬菜。

草莓

　　草莓不仅味道香甜，营养也非常丰富，富含维生素C、苹果酸、花青素、儿茶素等营养成分，有利于改善便秘、保护视力、美容护肤。

洋葱

　　洋葱和许多食材都很搭配，如肉类、鱼类、油炸类等，可以很好地去除腥味，并且能使菜品的颜色更丰富。

肉蛋类

牛肉

常用的是牛排或牛肩肉，选择脂肪分布较均匀的部位煎制后配上爽脆的蔬菜，就是一顿完美的早餐。

鸡蛋

鸡蛋含丰富的优质蛋白，其蛋白质的氨基酸比例很符合人体的生理需要，容易被人体吸收。鸡蛋可以做成各式各样的形式，是一个百搭的食材。

火腿片

火腿片属于肉类加工品，常用于夹在三明治内，冷热食用都非常美味。

培根

培根是一种美食冷熏猪肉，食用前需要煎熟，味道咸香可口，是早餐常使用到的肉类。

面包类

全麦面包

　　面粉中混合全麦粉制作而成，口感略粗，但是香味更重。

吐司

　　制作三明治时常用的切片方形面包，是以小麦为原料烤制的面包，味道香浓柔软。吐司也分多种，如全麦吐司、牛奶吐司等。

牛角面包

　　油酥面团制成的面包，香酥可口，即使不用蘸料食用也很美味，偶尔也会当作三明治面包使用。

法棍

　　外表坚硬、里面柔软且有嚼劲的面包，经常斜切成片，或挖空里面填馅进去食用。

坚果类

核桃

核桃含磷脂较高，可维持脑细胞正常代谢，防止脑细胞的衰退，提高大脑的生理功能，所以有补脑的效果。而且核桃所含的脂类还有利于动脉硬化、心脑血管病患者的保健。

杏仁

杏仁可以及时补充蛋白质、微量元素和维生素，如铁、锌及维生素E。且杏仁中含有对心脏有益的多不饱和脂肪酸。可以单独吃，也可以放进沙拉中食用。

榛子

榛子中钾、铁含量丰富，对于增强体质，抵抗疲劳，防止衰老都非常有益。榛子还含有丰富的纤维素，有助于防治便秘。用榛子煮粥或将熟榛子磨碎后与麦片混合食用，都很有营养。

松仁

松仁含有丰富的脂肪、蛋白质、磷脂、微量元素等营养成分，营养丰富，很适用于早餐，可加入沙拉等早餐食材中食用。

早餐厨房必备工具

要想做一顿从容不迫的早餐，就少不了一些必备的厨房工具，它们在早餐中扮演着重要的角色。下面就一起看看早餐都需要哪些工具吧。

◉ 水果刀

市面上常见水果刀的材质有不锈钢和塑料两种，形状有直的、折叠的，甚至还有旋刨式的、环形的等。水果刀刀身轻短，使用灵活快速。

◉ 勺子

勺子是用于盛汤的一种带柄工具，多为不锈钢制品，也有用其他金属或瓷器制作的。汤勺为球冠形，有手柄，便于盛汤。

◉ 汤锅

经常用来炖煮，因此容量就显得很重要，如果家庭成员较多的话，可以购买2升容量的汤锅。选择不锈钢材质的汤锅比较好。

◉ 炒锅

根据自己的使用习惯确定选择哪一种炒锅。有"翻锅"习惯的人，最好选择轻一点儿、有单边把手的锅；注重耐热程度的人，可以选择重一点儿，且使用寿命较长的不锈钢锅；对健康理念十分在意的人，可以选择不粘锅。

电饭锅

电饭锅是一种能进行蒸、煮、炖、焖、煨等多种加工食材方式的现代化炊具。它不但能把食物做熟，而且能够保温，使用起来清洁卫生，没有污染，省时省力，是比较常用的一种锅具。

烤箱

烤箱在家庭中使用时，一般情况下都是用来烤制饼干、点心和面包等食物。它是一种密封的电器，同时也具备烘干的作用。

豆浆机

豆浆具有极高的营养价值，且易于消化吸收，是一种非常理想的早餐健康食品。豆浆机的使用十分方便，预热、打浆、煮浆和延时熬煮过程全自动化，省时又省力，轻轻松松就能制作出可口的五谷、坚果豆浆。

砧板

常用砧板的材质有木质、竹质和塑料三种。木质砧板比较重，质地软，表面粗糙，使用时不易滑动，但容易留下刀痕，藏污垢，刷洗起来比较费事。木质砧板适合用来切鱼、肉等生鲜食材。塑料砧板质地较硬，重量轻，但遇水容易滑动，适合用来切蔬菜和水果。竹质砧板比较耐用，比木砧板轻，清洗和风干也比木砧板方便，也不容易发霉，常被用来切熟食、蔬菜水果。

2

熟悉的味道：

经典中式早餐

传承经典味道的中式早餐，
炒饭、粥、面条、包子、饺子、馄饨……
应有尽有，
每一款都是记忆中的美味，
每一口都饱含家的味道。

制作指导

炒米饭时应不停翻炒,这样才不会粘锅。

扫码看视频

鸡蛋炒饭

原料:

冷米饭150克

豌豆30克

胡萝卜丁15克

鸡蛋1个

葱花少许

生抽3毫升

盐、鸡粉各2克

芝麻油适量

食用油适量

做法:

① 鸡蛋打入碗中,打散调匀,制成蛋液,备用。

② 锅中注适量水烧开,倒少许食用油;倒入胡萝卜丁、豌豆,拌匀,煮约1分钟至其断生;捞出焯煮好的食材,沥干水分,待用。

③ 用油起锅,倒入蛋液,炒匀呈蛋花状;倒入米饭,炒松散;放入焯过水的食材,炒匀,至食材熟透。

④ 淋入生抽,炒匀,加入盐、鸡粉,炒匀调味。

⑤ 撒上葱花,炒出香味;淋入少许芝麻油,炒匀;关火后盛出炒好的米饭即可。

扫码看视频

玉米蛋炒饭

原料：

熟米饭200克

玉米粒70克

肉末75克

豆角95克

蛋液60克

葱花、蒜末各少许

盐、鸡粉各2克

食用油适量

做法：

① 洗净的豆角切丁，热锅注油，倒肉末，炒散至微微转色。

② 倒入豆角丁、蒜末、玉米粒，翻炒均匀。

③ 倒入熟米饭，翻炒2分钟，让菜粒和米饭混合均匀；再倒入蛋液，翻炒均匀。

④ 放入葱花，加入盐、鸡粉，炒约1分钟至入味；关火后盛出炒饭，装碗即可。

青豆清脆爽口，米饭柔软芳香，二者混合的味道已经让人赞不绝口，鲜艳的色泽更能激发食欲。

青豆鸡丁炒饭

原料：

米饭180克

鸡蛋1个

青豆25克

彩椒15克

鸡胸肉55克

盐2克

食用油适量

做法：

① 洗净的彩椒、鸡胸肉切条形，改切成小丁块。

② 鸡蛋打入碗中，搅散、拌匀，待用（图1）。

③ 锅中注入适量清水烧开，倒入洗好的青豆，煮约1分30秒，至其断生；倒入鸡胸肉，拌匀，煮至变色（图2）。

④ 捞出汆煮好的食材，沥干水分，待用（图3）。

⑤ 用油起锅，倒入蛋液，炒散；放入彩椒、米饭，炒散、炒匀。

⑥ 倒入汆过水的材料，炒至米饭变软。加少许盐调味，拌炒片刻，至食材入味；关火后盛出炒好的米饭即可（图4）。

制作指导

煮青豆时可以往锅里滴几滴油，这样煮
熟的青豆颜色会很鲜绿，好看不发黄。

虾仁含有膳食纤维、叶酸、胡萝卜素、泛酸、钾、铁、锌等营养元素，具有补肾健胃、红润肤色等作用。

扫码看视频

海鲜咖喱炒饭

原料：

冷米饭300克

虾仁100克

咖喱膏25克

蛋液40克

胡萝卜35克

圆椒20克

洋葱15克

鸡肉丁45克

盐、鸡粉各少许

食用油适量

做法：

① 将去皮洗净的胡萝卜、洋葱、圆椒切条形，再切丁。

② 用油起锅，倒入蛋液，炒匀；至五六成熟，盛出待用。

③ 锅底留油烧热，倒入鸡肉丁，炒至转色；放入洗净的虾仁，翻炒至虾身弯曲，盛出待用。

④ 另起锅，注入少许食用油烧热，倒入咖喱膏，拌至溶化；倒入洋葱丁、胡萝卜丁，放入圆椒块，炒匀炒香；倒入炒过的虾仁和鸡丁，炒匀；放入冷米饭，炒散。

⑤ 转小火，倒入鸡蛋，加盐、鸡粉调味；关火后盛出即可。

扫码看视频

芋头腊肠炒饭

原料：

米饭160克

芋头80克

腊肠60克

葱花少许

生抽5毫升

盐2克

鸡粉2克

食用油适量

做法：

① 洗净去皮的芋头切丁，腊肠切长丁。

② 热锅注油，烧至五成热，倒入芋头，搅匀，炸至微黄色；捞出，沥干油。

③ 热锅注油烧热，倒入腊肠丁，炒香；倒入备好的米饭，快速翻炒松散。

④ 倒入芋头，炒匀；加生抽、盐、鸡粉，翻炒至入味。

⑤ 倒入葱花，翻炒出葱香味；关火后将炒好的饭盛出，装入碗中即可。

　　粥是大家早餐的餐桌上必不可少的一道主食，经常喝粥还能养胃，非常适合肠胃不好的人群；而且粥容易消化，也很适合中老年人早餐食用。

红薯甜粥

原料：

红薯80克

水发糯米150克

白糖适量

做法：

① 洗净去皮的红薯切厚片，切成条，再切成小丁，备用（**图1**）。

② 锅中注入适量清水大火烧开，加入备好的糯米、红薯（**图2**），搅拌一会儿煮至沸。

③ 盖上锅盖，用小火煮40分钟至食材熟软（**图3**）。

④ 掀开锅盖，加入少许白糖（**图4**），搅拌片刻至白糖溶化，使食材更入味。

⑤ 关火，将煮好的粥盛出装入碗中即可。

制作指导

红薯不要切太大块，否则比较难煮熟。
且红薯本身就甜糯，加糖时可根据自己
的喜好来添加。

这款粥集合了众多杂粮，营养非常丰富，喝上一口，谷物的清香便在唇齿间蔓延开来。

杂粮甜粥

原料：

小米、黑米、薏米各适量
玉米片、玉米渣各适量
白芸豆、荞麦各适量
芝麻、豇豆、高粱米各适量
大黄米、黑木耳各适量
西米、白糖各适量

做法：

① 将所有食材倒入碗中，注入适量清水，略微浸泡（图1）。

② 用手反复搓洗食材，将食材洗净（图2）。

③ 将洗净的食材滤出，装入碗中，注水浸泡30分钟（图3）。

④ 再把食材倒入锅中，注入适量清水（图4）。

⑤ 加盖，大火煮开后转小火续煮40分钟（图5）。

⑥ 揭开盖，倒入备好的白糖（图6），搅拌至完全溶化入味即可。

制作指导

五谷的食材最好事先用清水泡发，会更
易煮熟，味道也会更香甜。要是想节省
时间，也可用热水。

喜甜的人可以加入少许白糖，会更
美味。

八宝粥

原料：

八宝粥材料包1包
（粳米、燕麦米、黑
米、红豆、玉米片、
花生、燕麦片、糙
米），水500毫升

做法：

① 将所有食材装入碗中，注入适量清水泡发20分钟；将水
滤干净，装入碗中待用。

② 锅中注入适量清水，倒入泡发好的食材，搅匀；盖上锅
盖，大火烧开转小火煮20分钟。

③ 掀开锅盖，持续搅拌片刻，盖上锅盖，再煮20分钟至食
材熟透。

④ 掀开锅盖，将煮好的粥盛出装入碗中即可。

花生核桃粥

原料：

核桃3颗
花生20粒
燕麦50克
红枣5颗
糯米100克
冰糖1颗

做法：

① 将核桃剥开，取出果仁备用；糯米、花生、燕麦、红枣洗净备用。糯米最好头一天浸泡，这样煮出的粥更浓稠。

② 将糯米放进锅中，放入洗净的燕麦、花生及核桃仁。

③ 加入冰糖，洗净的红枣放入锅中，添加适量的水。

④ 加盖，大火煮开转小火煮40分钟至食材熟透即可。

滑蛋牛肉粥

原料：

大米100克
牛肉50克
鸡蛋1个
胡椒粉适量
盐适量
水淀粉适量
生抽适量

做法：

① 大米洗净后用水浸泡30分钟，捞出装入锅中，注入适量清水，盖过锅盖，大火煮开后转小火煮30分钟。

② 洗净的牛肉切薄片，装入碗中，加生抽、胡椒粉、盐、水淀粉腌渍10分钟。

③ 鸡蛋打散成蛋液，待用。

④ 揭开锅盖，往粥里倒入腌渍好的牛肉，略微搅拌至变色。

⑤ 再缓缓倒入蛋液，顺时针慢慢搅开即可。

制作指导

绿豆可先用温水泡发，这样更易煮熟，可缩短烹煮的时间。

绿豆莲子粥

原料：

绿豆40克

大米100克

莲子50克

冰糖1颗

做法：

1　将绿豆洗净，沥水，备用；大米洗净，备用。

2　将洗好的绿豆和大米倒入炖锅内，倒入适量开水。

3　将洗好的莲子倒入锅内，再加入冰糖。

4　盖上盖，大火炖1.5小时即可。

制作指导

处理虾时应先切去虾须，再在背部
横刀切开，去除虾线。

蔬菜海鲜粥

原料：

鲜虾30克
芹菜40克
大米70克
盐3克
料酒4毫升
胡椒粉适量

做法：

① 洗净的鲜虾去壳，切成小粒，装入碗中，加入胡椒粉、料酒，拌匀腌渍片刻。

② 洗净的芹菜摘去全部的叶子，再切成小粒；大米洗净，浸泡在清水中30分钟。

③ 大米倒入锅中，注入适量清水；盖上盖，大火煮开转小火煮40分钟。

④ 揭开锅盖，放入虾、芹菜、盐，搅拌匀；用小火再稍煮片刻至食材熟透即可。

淡菜瘦肉粥

原料：

水发淡菜100克
大米200克
瘦肉末50克
生姜、葱花各少许
盐、胡椒粉各2克
料酒5毫升

做法：

① 洗净去皮的生姜切成细丝。

② 瘦肉末装入碗中，加料酒、盐、胡椒粉，搅拌均匀，腌渍10分钟。

③ 大米洗净，用清水浸泡20分钟，倒入锅中，注入适量清水，拌匀。

④ 盖上盖，大火煮开后转小火续煮20分钟；揭开锅盖，倒入姜丝、瘦肉末、水发淡菜，搅拌匀。

⑤ 盖上盖，续煮10分钟，再搅拌片刻，撒上葱花即可。

制作指导

手擀面的面团越硬越好，揉的时候如果面团比较硬，用保鲜膜包起来，过10分钟再揉。

手擀面

原料:

面粉250克
鸡蛋1个
香菇块30克
瘦肉丝30克
菜心30克
蒜末适量
盐适量
鸡粉适量
生抽适量
食用油适量

做法:

① 面粉装盆，加冷水和成面团，揉匀至光滑；用擀面杖擀成薄片，把面折起来，切成细条。

② 用手把面条上层的头端揪起，一只手握头，一只手握中间，抖细；鸡蛋煮熟，对半切开；菜心焯水捞出。

③ 锅中注油烧热，倒入蒜末爆香，加入瘦肉炒至变色，放入香菇炒匀，加入盐、生抽、鸡粉，炒至入味，制成浇头，盛出待用。

④ 锅中注水烧开，下入面条煮熟捞出，沥干水，装入碗中，淋上炒好的浇头，放上鸡蛋和菜心即可。

扫码看视频

面条煮的时间不可过长。

西红柿鸡蛋打卤面

原料：

面条80克

西红柿60克

鸡蛋1个

蒜末、葱花各少许

盐、鸡粉各2克

番茄酱少许

水淀粉、食用油各适量

做法：

1 西红柿洗净切小块；鸡蛋打入碗中，打散，调成蛋液。

2 锅中注水烧开，加入少许食用油，倒入备好的面条，煮至熟软，捞出，沥干水分，装碗。

3 起油锅，倒入蛋液，炒成蛋花状，盛入碗中。

4 锅底留油，爆香蒜末，放入西红柿、蛋花，炒匀。

5 注入少许清水，调入番茄酱、盐、鸡粉，煮至熟软。

6 倒入水淀粉勾芡，浇在面条上，放上葱花即可。

加一些香菜，口感会更好。

青豆拌面

原料：

面条80克
青豆30克
葱末少许
芝麻酱适量
盐少许
橄榄油适量
香菜少许

做法：

① 青豆洗净，放入沸水锅中煮沸，加盐拌匀，煮至入味，捞出备用。

② 将面条放入加了盐的沸水锅中，煮3分钟至熟，捞出，装入碗中。

③ 倒入芝麻酱和青豆搅拌均匀，再淋入适量橄榄油拌匀即可食用。

制作指导

和面时水与面的比例是5：3，且水温要随季节变化，一般冬热、夏凉、春秋温。

刀削面

原料：

面粉250克

上海青30克

猪瘦肉末50克

姜末适量

蒜末适量

干辣椒段适量

盐2克

生抽3毫升

胡椒粉适量

食用油适量

做法：

① 将面粉倒在案板上，开窝，加水和匀，揉成光滑面团，饧面10分钟；饧好的面团撒上适量面粉，揉成圆柱形。

② 锅中注入适量清水大火烧开，将面团放在擀面杖上，左手托起，倾斜于已经烧开水的锅上。

③ 右手持刀与面团成30°角，由上往下，削出边缘薄、中间稍厚的面条，落入开水中。煮至熟软后捞出、沥干。

④ 热锅注油烧热，爆香干辣椒、姜末、蒜末；倒肉末，炒至变色，倒上海青炒匀，加盐、生抽、胡椒粉翻炒至入味，淋入少许清水炒匀、入味；盛出浇在刀削面上即可。

担担面的叫法据说源于挑夫们在街头挑着担担卖面。担担面好吃易做，已经成为上桌率很高的一款面条了。

担担面

原料：

碱水面150克	生抽2毫升
瘦肉70克	老抽2毫升
生菜50克	辣椒油4毫升
生姜20克	甜面酱7克
葱花少许	料酒适量
上汤300毫升	食用油适量
盐2克	
鸡粉少许	

做法：

① 去皮洗净的生姜拍碎，剁成末；将洗净的瘦肉切碎，再剁成末。

② 锅中倒入适量清水，用大火烧开；倒入食用油，放入生菜，煮片刻（图1）；把煮好的生菜捞出。

③ 把碱水面放入沸水锅中，搅散，煮约2分钟至熟（图2）。

④ 把煮好的面条捞出，盛入碗中，放凉；再放入生菜（图3）。

⑤ 用油起锅，放入姜末，爆香（图4）；倒入肉末，炒匀；淋入料酒，翻炒匀；倒入老抽，炒匀调色；加入上汤、盐、鸡粉；淋入生抽、辣椒油，拌匀。

⑥ 加入甜面酱，拌匀，煮沸（图5）；将调味汁盛入面条中（图6）；最后撒上葱花即可。

生菜不宜放在沸水锅中焯烫太久，以免菜色变黄，营养流失过多。

清炖牛腩面

原料：

挂面200克
牛腩250克
白萝卜100克
香菜适量
姜适量
盐2克
胡椒粉少许
清汤少许

做法：

① 将胡萝卜洗净，切滚刀块。

② 姜切丝；将白萝卜洗净，切滚刀块。

③ 将牛腩放入沸水锅中焯熟，捞出沥干，放凉后切成小块。

④ 将熟牛腩块、白萝卜块、胡萝卜块、清汤一起放入锅中，炖煮约40分钟。

⑤ 锅内注水烧沸，放入面条煮熟，捞出盛入碗中。

⑥ 倒入炖好的原料，加香菜、姜丝、盐、胡椒粉即可。

牛肉炒面

原料：

面条120克

牛肉50克

圆白菜30克

蒜苗适量

盐3克

鸡精2克

生抽少许

食用油适量

做法：

① 将牛肉洗净，切片，用少许盐和生抽腌渍片刻；圆白菜洗净，切片；蒜苗洗净，切段。

② 锅中注入适量清水煮沸，倒入面条煮至七成熟后捞出，放入冷水中过凉，捞出沥干，备用。

③ 另起炒锅，注入适量食用油烧热，倒入蒜苗炒香，再倒入牛肉炒至八成熟。

④ 倒入煮好的面条翻炒2分钟，再倒入圆白菜翻炒。

⑤ 加入少许生抽、盐和鸡精调味即可。

制作指导

面粉发酵的温度非常重要，酵母发酵时温度太低会影响酵母菌的活跃度，温度太高又会将酵母菌杀死。

豆角包子

原料：

面粉200克

酵母粉6克

长豆角125克

猪肉末200克

葱花30克

姜末少许

盐、鸡粉、五香粉、

胡椒粉各2克

生抽5毫升

做法：

① 面粉放入酵母粉，分次注水，揉搓成纯滑的面团；将面团放入碗中，封上保鲜膜，放置于温暖处，发酵至约2倍大。

② 洗净的豆角切成丁，放入肉末、姜末、葱花；放入盐、鸡粉、五香粉、胡椒粉、生抽，搅匀制成馅料。

③ 在案台上撒少许面粉，取出发酵好的面团，搓成长条状；将长条状面团分成数个剂子，擀成薄面皮；取适量馅料放入面皮中，制成包子。

④ 取出蒸屉，放入防粘纸，放上包子；静置30分钟二次发酵后，放入蒸锅，注水加热，盖上盖，蒸约13分钟至熟即可。

香菇素包

原料：

中筋面粉400克

酵母粉12克

白糖15克

清水适量

香菇丁200克

大葱丝100克

黄油20克

盐、黑胡椒各适量

做法：

① 面粉筛入碗中，酵母粉、白糖加清水搅拌匀后再倒入面粉内，充分拌匀揉成面团，装碗后覆盖上保鲜膜，在温暖的地方静置发酵至约2倍体积。取出发好的面团放在铺有面粉的工作台上，将面团内的空气挤压去，搓成粗条状，切成等份的剂子，逐个擀制成包子皮。

② 香菇丁、大葱丝装碗中，加盐腌渍去除多余水分；黄油倒入锅中化开，倒香菇煎出香味，将盐、黑胡椒撒在香菇上，倒葱丝拌匀。

③ 将包子边缘慢慢捏成褶子，将馅料完全包入，制成包子生坯，间隔排入蒸笼中，静置30分钟第二次发酵后，放入烧开的蒸锅内，大火蒸约13分钟，熄火闷约3分钟即可。

韭菜鸡蛋包

原料：

中筋面粉400克

酵母粉12克

白糖15克

清水适量

韭菜碎200克

蛋液100克

虾皮5克

盐2克

蚝油5克

食用油适量

做法：

① 蛋液加1克盐拌匀，倒入有热油的煎锅内煎成蛋饼；虾皮炒至干燥；将鸡蛋饼、虾皮、韭菜加全部调料拌匀。

② 面粉筛入碗中，酵母粉、白糖加清水搅拌匀再倒入面粉内，揉成面团，装碗并盖上保鲜膜，静置发酵至约2倍体积。

③ 发酵好的面团放在铺有面粉的工作台上，将面团内的空气挤出，搓成粗条，切成等份的剂子，逐个擀制成包子皮。

④ 包入馅料，将边缘慢慢捏成一个个褶子，做成包子生坯。间隔排入蒸笼中，静置30分钟第二次发酵后放入烧开的蒸锅内，大火蒸约13分钟，熄火闷约3分钟即可。

制作指导

最好要用平底锅来煎，这样不会粘锅，煎时油可略微多一些。

鲜肉生煎包

原料：

中筋面粉200克

酵母粉6克

白糖10克

清水适量

葱花、白芝麻各少许

猪肉末200克

葱花少许

姜末少许

盐、生抽各少许

食用油适量

做法：

① 面粉筛入碗中，酵母粉、白糖加水，拌匀后倒入面粉内，揉成面团，装碗，盖上保鲜膜，静置发酵至约2倍体积。

② 发酵好的面团放在铺有面粉的工作台上，挤出面团内的空气，搓成粗条，切成等份的剂子；猪肉末装碗，加葱花、姜末、盐、生抽，拌匀，再沿顺时针方向搅打上劲。

③ 将剂子逐个擀制成包子皮，再包入适量的馅料，将包子边缘慢慢捏成褶子，制成生坯，静置20分钟再次发酵。

④ 煎锅热油，放入生坯后小火将底部煎至金黄，沿着锅边倒适量清水，加盖后中火将水完全收干。掀盖，撒上葱花、白芝麻，再加盖闷制片刻即可。

小笼包

原料：

中筋面粉200克

酵母粉5克

白糖6克

清水适量

猪皮40克

猪肉末100克

葱花少许

姜末少许

盐少许

蚝油少许

做法：

① 面粉筛入碗中，酵母粉、白糖加水拌匀后倒入面粉内，拌匀揉成面团，装碗后覆盖上保鲜膜，静置发酵至约2倍体积。

② 猪皮入高压锅内，注水，大火将其软化成肉汤；将猪肉末装碗，加盐、蚝油，单向搅拌匀；倒入猪皮汤，搅匀后放冰箱冷藏20分钟，取出加葱花、姜末，拌匀即可。

③ 发酵好的面团放在铺有面粉的工作台上，挤出面团内的空气，再搓成粗条，切成等份的剂子，逐个擀制成包子皮。

④ 包子皮中包入适量的馅料，将包子边缘慢慢捏成褶子，将馅料完全包入。摆入笼屉内，放入烧开的蒸锅内大火蒸10分钟即可。

叉烧肉由猪肉加工制作而成，具有
润肠胃、生津液、补肾气、解热毒
等作用。

蜜汁叉烧包

原料：

中筋面粉400克

酵母粉12克

白糖15克

清水适量

叉烧肉丁200克

洋葱丝30克

盐2克

料酒、葱花各少许

做法：

① 面粉筛入碗中，酵母粉、白糖加清水拌匀后再倒入面粉内揉成面团，装碗后盖上保鲜膜，静置发酵至约2倍体积。

② 发酵好的面团放在铺有面粉的工作台上，挤出面团内的空气，搓成粗条，切成等份的剂子，逐个擀制成包子皮。

③ 洋葱内加入少许盐，搅拌后腌渍软；将洋葱倒入叉烧肉内，搅拌匀后倒入葱花、料酒，再次搅拌，制成馅料。

④ 包入馅料，将边缘慢慢捏成褶子，使馅料完全包入即成包子生坯。间隔排入蒸笼中，静置30分钟二次发酵，待蒸锅水滚后，入蒸笼大火蒸约16分钟即可。

鲜嫩的虾仁和醇香的猪肉一同包裹在发酵的面皮里，再撒上白芝麻进行煎煮，咬一口，香味四溢。

虾仁鲜肉生煎

原料：

中筋面粉400克	鲜虾仁80克
酵母粉12克	猪皮40克
葱花适量	猪肉末100克
白芝麻适量	蚝油、葱花各少许
白糖15克	姜末少许
清水适量	盐少许

做法：

① 面粉倒入碗中（图1），酵母粉、白糖加清水拌匀后倒入面粉内，揉成面团，装碗后盖上保鲜膜，静置发酵至约2倍体积。

② 发酵好的面团放在工作台上，挤压去空气，搓成粗条，切成等份的剂子（图2）。

③ 猪皮入高压锅内，注水，大火煮成肉汤，放凉；猪肉末入碗中，加盐、蚝油，单向搅拌匀，倒入猪皮汤，拌匀后入冰箱冷藏20分钟，取出。加鲜虾仁、葱花、姜末，拌匀即可。

④ 将剂子逐个擀制成包子皮，包入馅料，再摆放上一个虾仁，将边缘慢慢捏成褶子（图3），即成包子生坯，静置20分钟再次发酵。

⑤ 煎锅热油，放入生坯后小火将底部煎至金黄，沿锅边倒适量水，加盖，用中火将水完全收干。掀盖，撒上葱花、白芝麻，加盖焖制片刻即可（图4）。

虾仁入锅炒制时火不要太大，时间也不要太长，这样炒出的虾仁才够嫩。

制作指导

余好的冬笋和香菇可以加入生抽翻炒出香味，再加入馅料，更能充分发挥山珍的美味。

素三鲜饺子

原料：

小麦面粉100克

冬笋50克

香菇50克

鸡蛋3个

盐2克

鸡粉1克

芝麻油适量

做法：

① 冬笋剥壳，切成均匀的片状，放入开水锅中煮10分钟左右，捞出晾凉，将冬笋剁成碎末，放好备用。

② 香菇在开水中焯一下，捞出，同样剁成碎末；在鸡蛋中放入少许盐打匀，入油锅翻炒，将蛋液炒碎；将冬笋末、香菇末、碎鸡蛋一起装入碗中，加盐、鸡粉、芝麻油拌匀。

③ 面粉加入适量清水揉匀制成面团，再切成数个剂子，擀制成饺子皮；饺子皮内包入适量馅料，制成饺子生胚。

④ 锅里烧开水，倒入包好的饺子，煮熟即可。

韭菜猪肉煎饺

原料：

面粉250克

韭菜末300克

五花肉碎200克

姜末、水各适量

白糖8克

盐4克

鸡粉3克

生粉、猪油、食用油各适量

做法：

① 将面粉倒入适量温水混匀，揉成纯滑的面团；五花肉碎、姜末、白糖、盐装入碗中，加猪油，用手反复抓揉。

② 倒入韭菜末，放鸡粉拌匀，把生粉分3次倒入，再倒入食用油，拌匀使材料混合均匀，把拌好的菜馅装入碗中。

③ 面团切一块，再揉搓成长条状；切成数个约10克的小剂子，擀制成饺子皮。

④ 煎锅中倒入适量食用油烧热，放入蒸好的韭菜猪肉饺。小火烧至底部呈金黄色，倒入少许面粉水，盖上锅盖待锅底水分煎干即可。

外表绿白相间如翡翠般精美，内馅却是实实在在的白菜与猪肉的混合，给生活来点创意吧！

翡翠白菜饺子

原料：

面粉300克

猪肉末300克

葱15克

姜5克

白菜200克

菠菜叶150克

盐、芝麻油、花椒粉、生抽、鸡粉、食用油各适量

做法：

① 菠菜叶打成菠菜泥，备用（图1）。

② 100克面粉加适量菠菜泥和成绿色面团（图2），剩下200克面粉和成白色面团，均饧半小时。

③ 猪肉末中加入葱、姜、芝麻油、花椒粉、生抽、盐、鸡精、食用油，制成肉馅（图3）。

④ 绿色面团擀成长方形片放到下面，白色面团搓成长条放在上面，用绿色面团把白色面团卷起来（图4）。

⑤ 切成剂子，压扁，擀成皮（图5）。

⑥ 放入适量的馅料，逐个包好（图6），开水下锅，水再开8分钟后捞出。

制作指导

绿色面团卷白色面团的时候不要进入空气，以免粘合有问题，导致煮时饺子皮会破损。

虾皮含有蛋白质、维生素A、钙、磷、钾等营养成分，有化瘀解毒、益气、补肾、开胃、化痰等功效。

扫码看视频

虾仁馄饨

原料:

馄饨皮70克

虾皮15克

紫菜5克

虾仁60克

猪肉45克

盐2克

鸡粉、胡椒粉各3克

生粉4克

芝麻油适量

食用油适量

做法:

① 洗净的虾仁拍碎，剁成虾泥，洗好的猪肉剁成肉末，把虾泥、肉末装入碗中。

② 加入鸡粉、盐，撒上胡椒粉，搅拌均匀。倒入少许生粉，拌至起劲淋入少许芝麻油，拌匀，腌渍约10分钟，制成馅料。

③ 取馄饨皮，放入适量馅料，沿对角线折起，卷成条形，再将条形对折，收紧口，制成馄饨生坯，装在盘中，待用。

④ 锅中注水烧开，放紫菜、虾皮，加少许盐、鸡粉、食用油，拌匀，略煮；放入馄饨生坯，拌匀；用大火煮约3分钟，至其熟透；关火后盛出煮好的馄饨即可。

扫码看视频

鱼泥小馄饨

原料：

小馄饨皮适量
鱼肉200~300克
胡萝卜半根
鸡蛋1个
酱油5毫升

做法：

① 鱼肉剁成泥。

② 胡萝卜去皮，切成圆形薄片，放入水中煮软，再剁成泥。

③ 将胡萝卜泥、搅散的鸡蛋、酱油倒入有鱼泥的碗内，搅拌均匀。

④ 用小馄饨皮将馅料包住，包成小馄饨。

⑤ 煮熟出锅装碗即可。

葱香满溢，面饼软糯，小时候最爱的味道。

葱油饼

原料：

中筋面粉300克
酵母粉9克
清水适量
白糖4克
葱花、椒盐粉各适量
食用油适量

做法：

① 面粉筛入碗中，酵母粉、白糖倒入清水中，搅拌匀后再倒入面粉内（图1）。

② 充分拌匀揉成面团，装入碗中后覆盖上保鲜膜，在温暖处静置发酵约1小时（图2）。

③ 取出发酵好的面团放在铺有面粉的工作台上，将面团内的空气挤压出去（图3）。

④ 再将面团擀制成椭圆的厚片，涂抹上食用油，均匀地撒上椒盐粉、葱花（图4）。

⑤ 将面皮卷起，切成均匀的段状，切面朝上摆放后逐个按压成饼的生坯（图5）。

⑥ 煎锅注油烧热，放入制好的生坯，小火煎至两面呈金黄色即可（图6）。

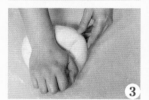

制作指导

香葱含有蛋白质、维生素A、维生素C、纤维素、钙等营养成分，具有增强免疫力、促进消化、抗菌等功效。

蔬菜饼

原料：

西红柿120克

青椒40克

面粉100克

圆生菜50克

生菜适量

鸡蛋50克

养乐多适量

盐2克

食用油适量

做法：

① 圆生菜切丝；青椒去籽，切成条；西红柿去蒂，切成小块；生菜洗净，切成小段，待用。

② 用油起锅，倒入切好的圆生菜丝、青椒条、西红柿块，再略微翻炒，至食材熟软，盛出装入盘中，待用。

③ 取一个碗，倒入面粉，倒入打散的鸡蛋液、养乐多，拌匀，注入适量清水，加入盐，拌匀制成面糊。

④ 煎锅注油烧热，倒入面糊，略煎后放入适量炒好的蔬菜；摊成面饼，将面饼煎至两面呈金黄色。

⑤ 将煎好的蔬菜饼盛出装入盘中，再摆上生菜即可。

草莓营养丰富，富含多种对人体有益的成分。果肉中含有大量的糖类、蛋白质、有机酸、果胶等营养物质。

草莓酱烘饼

原料：

草莓焦糖酱50克

黄油50克

鸡蛋100克

面粉80克

柠檬汁少许

白糖30克

做法：

① 鸡蛋取蛋白倒入碗中，加入白糖、少许柠檬汁，用电动搅拌器打发至鸡尾状。

② 蛋白内加入面粉，充分搅拌匀。

③ 煎锅内加入黄油加热至化开，倒入面糊煎至定形。

④ 翻面，将两面上色定形，放入烤箱180℃烤20分钟。

⑤ 烤好的烘饼装入盘子，浇上草莓焦糖酱即可。

面饼在热油的煎制下散发出诱人的香味，再加上大葱锦上添花，一道简单的家常烙饼就诞生了。

香葱烙饼

原料：

中筋面粉200克

酵母粉6克

白糖15克

清水适量

大葱120克

盐2克

生抽4毫升

食用油适量

做法：

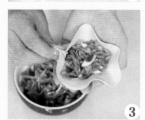

① 面粉筛入碗中，酵母粉、白糖倒入清水搅拌匀后再倒入面粉内，充分拌匀揉成面团，装入碗中后覆盖上保鲜膜，静置发酵至约2倍体积（图1）。

② 取出发酵好的面团放在铺有面粉的工作台上，挤出团内的空气，将面团搓成粗条，切成等份的剂子。

③ 大葱洗净斜刀切成丝后装入碗中，加入盐腌渍片刻；在腌渍软的大葱内加入生抽，搅拌匀；热锅注油烧热，将热油倒入葱丝内，制成馅料。

④ 逐个擀制成饼皮（图2），再包入适量的馅料，将饼皮边缘慢慢捏成褶子（图3），将馅料完全包入即成香葱饼生坯。

⑤ 煎锅注油烧热，放入制好的生坯，小火煎至两面呈金黄色即可（图4）。

大葱含蛋白质、碳水化合物、胡萝卜素、苹果酸、碳酸等成分，具有利肺通阳、发汗解表的功效。

酸菜的梗较硬，炒馅时可以先放酸
菜梗，再倒酸菜叶，这样更能保持
酸菜的风味。

酸菜肉丝烙饼

原料：

中筋面粉400克

酵母粉12克

白糖15克

酸菜150克

里脊肉40克

蛋黄1个

白糖3克

食用油适量

辣椒碎、生抽各少许

食用油适量

做法：

① 面粉筛入碗中，酵母粉、白糖加水拌匀再倒入面粉内，拌匀揉成面团，装碗后覆盖上保鲜膜，静置发酵至约2倍体积。

② 酸菜切碎，里脊肉洗净切丝后装入碗中，加入蛋黄，拌匀；热锅注油烧热，倒肉丝炒至变色后加生抽，炒匀；盛出肉丝倒入酸菜内，加白糖、辣椒碎，拌匀，制成馅料。

③ 将发酵好的面团放在铺有面粉的工作台上，挤出面团内的空气，再搓成粗条，切成等份的剂子；逐个擀制成薄面皮，再包入适量的馅料，捏出褶子再收紧，稍微压扁。

④ 锅中油热后，放入饼坯开中火慢慢加热，将其翻面后再加热至两面金黄，熟透即可。

海鲜鸡蛋饼

原料：

面粉50克

虾仁100克

鱿鱼20克

鸡蛋3个

韭菜30克

盐、食用油各少许

做法：

① 将一部分虾仁、鱿鱼切碎，和面粉、盐混合一起；加入适量清水，打入2个鸡蛋搅拌成均匀的面糊；剩下的1个鸡蛋打散成蛋液。

② 煎锅加油烧热，放入剩下的虾仁、鱿鱼，翻炒一下；放入韭菜，翻炒匀后加入蛋液，炒熟盛出备用。

③ 煎锅注油烧热，倒入拌好的面糊，煎至定形；铺入炒好的食材，将饼皮慢慢卷起。

④ 关火，盖上锅盖将饼闷熟即可。

用鸡蛋液、玉米粉包裹着鲜嫩的虾仁，经过油的烹炸而喷香酥脆，再与生菜一起被卷入饼中，对于早起后空虚的胃再温暖不过了。

炸虾蔬菜卷饼

原料：

河虾100克

鸡蛋1个

面粉80克

玉米面60克

生菜200克

面粉310克

姜末少许

胡椒粉、黑胡椒碎、盐各适量

做法：

① 河虾汆烫至变色捞出沥干，放入盆里，放姜末、盐、胡椒粉和黑胡椒碎拌均匀，腌几分钟入味，再放入150克面粉、玉米面、鸡蛋（图1）。

② 用勺子挖一勺虾球面糊，油烧至五成热，入锅炸至酥脆（图2）。

③ 将炸好的虾球捞出，沥干油，待用（图3）。

④ 另取160克面粉，加适量的水，和成较软的面团，擀成薄皮，放入平底锅中两面烙熟（图4）。

⑤ 烙好的饼中铺上生菜，摆上炸好的虾球（图5）。

⑥ 将饼卷好，用油纸包好即可（图6）。

面糊的黏稠度非常重要，过稀会造成面
浆不易成形，过稠的话煎出的饼会过
硬，制作面浆的时候要非常注意比例。

3

泊来的美味：

素雅的西式早餐

西式早餐是一种理性饮食观，
烹饪简单，
但是非常讲究搭配，
讲究营养的合理摄入，
常见的有三明治、意面、沙拉、比萨等，
让我们开启素雅的西式早餐之旅吧！

制作指导

圆白菜可增进食欲，促进消化，预防便秘，也是糖尿病和肥胖患者的理想食物。

猪排三明治

原料：

全麦面包2片

猪排1块

圆白菜200克

生菜叶1片

芥末蛋黄酱2匙

蛋液适量

面粉、面包糠各适量

猪排酱、白酒、盐、

胡椒粉各少许

食用油适量

做法：

① 将圆白菜洗净，切丝泡水。

② 猪排先用白酒、盐、胡椒粉调味；轻轻蘸裹面粉，蘸鸡蛋液；蘸面包糠作为炸衣，放入180℃的油锅中；炸至金黄酥脆后捞出沥油。

③ 将全麦面包的一面涂抹芥末蛋黄酱，再摆放去除水分的圆白菜丝。

④ 再放上炸好的猪排，并淋上猪排酱；摆上生菜叶，盖上另一片全麦面包即完成。

牛肉三明治

原料：

牛排600克

培根8片

生菜4片

西红柿2个

吐司8片

西洋芥末1大匙

盐、黑胡椒、橄榄油

各少许

做法：

① 热油锅，放入培根煎脆；生菜、西红柿均洗净，切成厚片备用。

② 将调味料涂抹在牛排的表面，腌约3小时，以中火将表面煎熟，封住肉汁后放入已预热的烤箱，以160℃烤约40分钟约呈五分熟。

③ 将烤好的牛排取出，静置冷却后放入冰箱，等要叠放在吐司上时再取出，切成3~5毫米厚的薄片。

④ 将吐司放入烤面包机中烤成金黄色，将吐司放在最底层，依次放上生菜、培根、西红柿，最后放上薄牛肉片即可。

扫码看视频

鸡蛋、面包、水果这些简单的食材通过精心搭配，就能制作出简单而又完美的三明治早餐。

火腿鸡蛋三明治

原料：

原味吐司1个

黄油适量

黄瓜片5片

生菜叶1片

火腿片3片

鸡蛋1个

沙拉酱适量

色拉油少许

做法：

① 用蛋糕刀将吐司切成片，备用。

② 煎锅注入少许色拉油烧热，打入鸡蛋，煎至成形（**图1**）；翻面，至其熟透后盛出。

③ 锅中加少许色拉油，放入火腿片，煎至两面呈微黄色后盛出（**图2**）。

④ 煎锅烧热，放入1片吐司，加入少许黄油，煎至金黄色（**图3**）；依此将另1片吐司煎至金黄色。

⑤ 将材料摆放在白纸上，在其中1片吐司上刷一层沙拉酱（**图4**）；放上荷包蛋，再刷一层沙拉酱；放上火腿片、生菜叶，再放上黄瓜片；在另1片吐司上刷一层沙拉酱；在生菜叶和黄瓜片上刷一层沙拉酱。

⑥ 盖上吐司片，制成三明治；用蛋糕刀从中间切成两半，装入盘中即成。

制作指导

煎荷包蛋最好选用平底锅，而且放的油
不宜过多。

马苏里拉奶酪是意大利那不勒斯产
的一种淡味奶酪，含钙量非常高。

热力三明治

原料：

烟熏火腿40克
生菜20克
黄油20克
吐司2片
马苏里拉奶酪2片

做法：

① 火腿切片，洗净的生菜切段，待用；将吐司四周修整齐，待用。

② 热锅放入黄油软化；放入2片吐司，略微煎香取出备用。

③ 放上2片马苏里拉奶酪，再放上火腿片、生菜叶。

④ 在2片吐司中间夹入做法3中的食材，煎至表面金黄色；将煎好的三明治盛出，对角切开即可。

制作指导

烤彩椒是为了更好地去除彩椒的外皮，使彩椒的整个甜味与香味浓缩，食用时更加可口。

咖喱鸡肉三明治

原料：

吐司2片
鸡胸肉100克
黄彩椒1个
香菜叶少许
清酱、盐各少许
胡椒粉适量
咖喱粉适量
食用油适量

做法：

① 将鸡胸肉放入盐水中浸泡10分钟，捞出吸干水分，两面撒上咖喱粉、盐，腌渍片刻。煎锅注油烧热，放入鸡胸肉，将其煎熟，盛出待用。

② 洗净的黄彩椒在火上烤至表皮发黑，将烤好的彩椒放入冰水中浸泡。

③ 将烤黑的表皮洗去，切开去籽，再切成条；牛排煎锅注油烧热，放上面包片，烤上花纹。

④ 取一片面包涂上少许青酱，铺上鸡胸肉、黄彩椒、香菜叶，再叠上面包，斜角对切开即可。

制作指导

烤制时间可依个人口味，喜欢溏心蛋的烤约3分钟即可。

扫码看视频

麦芬三明治

原料：

鸡蛋6个

面粉5克

黄油20克

肉豆蔻1个

黄芥末酱5克

格鲁耶尔干酪10克

吐司6片

烟熏火腿3片

做法：

① 取2个鸡蛋的蛋清，加入1匙面粉，搅匀至没有颗粒；加入少许黄油和黄芥末酱，擦入肉豆蔻屑，搅匀。

② 将吐司压实；将吐司双面均匀抹上黄油；放入模具中作为麦芬杯体。

③ 铺上一片烟熏火腿；取蛋黄倒入麦芬模具中；再舀入1匙调制好的混合液。擦上一层干酪丝，即成麦芬三明治生坯。按照同样方法将剩余生坯做好。

④ 将麦芬三明治放入已预热至180℃的烤箱中，烤5分钟至焦黄；取出麦芬三明治即可。

扫码看视频

红酱肉丸意面

原料：

熟长意面150克

牛肉馅100克

洋葱碎适量

罗勒叶、罗勒碎、法香碎、帕马森奶酪粉各少许

橄榄油1大匙

红酱2大匙

黑胡椒粉、盐、生抽各少许

做法：

1. 将洋葱切碎，牛肉馅装碗，加入罗勒碎、法香碎、黑胡椒粉、盐、生抽，拌匀腌渍15分钟。

2. 制好的牛肉馅搓成数个大小均匀的牛肉丸，装入烤箱以上下火180℃烘烤10分钟。

3. 平底锅中注入橄榄油烧热，用洋葱碎爆香；倒入烤好的牛肉丸、红酱、熟长意面炒匀。

4. 盛盘，撒上帕马森奶酪粉，点缀上罗勒叶。

烤蔬菜意面

原料：

熟长意面100克

洋葱、圣女果、帕尔
玛干酪碎各20克

蒜末10克

茄子、西葫芦各30克

罗勒碎、法香碎、百
里香碎各适量

橄榄油5毫升

盐2克

黑胡椒粉适量

做法：

① 洗净的西葫芦、茄子去皮切块；洋葱切块；圣女果对半切开，装入大碗。

② 取小碗，放入橄榄油、蒜末、罗勒碎、百里香碎、盐、黑胡椒粉，拌匀；倒入大碗，使蔬果的表面裹上一层调料。

③ 将蔬菜块均匀铺在铺了锡纸的烤盘上，放入预热好的烤箱，上下火均为200℃烤5分钟。

④ 熟长意面装盘，铺上烤好的蔬菜，撒上法香碎、帕尔玛干酪碎即可。

扫码看视频

制作指导

西红柿底部插一根筷子，放在火上
烤一会儿，外皮就会自动裂开。

冬阴功意面

原料：

熟长意面100克

鲜虾仁60克

去皮西红柿1个

口蘑30克

豌豆苗20克

蒜末少许

青柠檬4片

橄榄油5毫升

水淀粉、椰浆各适量

泰式酸辣酱30克

做法：

① 去皮西红柿切小块；口蘑去蒂切片，备用。

② 豌豆苗放入沸水锅中焯熟，捞出沥干。

③ 锅中注入橄榄油烧热，放入蒜末炒香，加入西红柿炒软。

④ 倒入泰式酸辣酱、椰浆，煮匀。

⑤ 放入口蘑片、鲜虾仁，炒匀，加入水淀粉勾芡，煮至酱汁浓稠。

⑥ 将熟长意面装盘，淋上煮好的酱汁，摆上焯好的豌豆苗和青柠檬片即可。

扫码看视频

欧姆蛋意面

原料：

熟长意面60克

鸡蛋、圣女果各2个

西蓝花、玉米粒、培

根片各30克

蟹味菇、口蘑各20克

牛奶20毫升

奶酪粉适量

橄榄油5毫升

盐2克

黑胡椒粉少许

做法：

1 西蓝花切小朵，口蘑切片，蟹味菇切除根部，均焯熟。

2 锅中注入橄榄油烧热，放入培根炒香，加西蓝花、蟹味菇、口蘑、玉米粒翻炒，放入盐、黑胡椒粉调味。

3 鸡蛋打入碗中搅散，加牛奶、奶酪粉、熟长意面和炒好的蔬菜、培根，拌匀，使蛋液均匀裹在意面和蔬菜上。

4 锅中注油烧热，放入蛋液，小火焖煮至蛋液凝固。

5 盛出，放在铺有保鲜膜的砧板上，均匀切开，装盘，摆上洗净的圣女果装饰即可。

扫码看视频

制作指导

秋葵可先用生粉揉搓均匀，再用流水冲洗干净，这样可以去除秋葵的黏液。

青酱鱿鱼秋葵意面

原料：

熟长意面100克

鱿鱼1只

黄油20克

柠檬半个

秋葵2根

罗勒青酱2大匙

盐、黑胡椒碎各少许

做法：

1. 鱿鱼去骨切花刀装碗，加入少许盐，挤入柠檬汁，腌渍3分钟。

2. 洗净的秋葵去头尾，切圈。

3. 平底锅用小火加热，放入黄油化开，放入切好的鱿鱼，加热至其卷起。

4. 加入秋葵，翻炒至熟。

5. 倒入熟长意面，加入罗勒青酱、黑胡椒碎，翻炒匀即可。

三色白酱笔管面

原料：

熟笔管面120克

荷兰豆60克

洋葱60克

橄榄油1大匙

基础白酱120克

盐、黑胡椒粒各少许

做法：

① 洗净的荷兰豆去丝；洋葱斜切成块。

② 锅中注入橄榄油烧热，放入洋葱块炒香。

③ 加入荷兰豆炒熟。

④ 加入基础白酱、熟笔管面，翻拌均匀。

⑤ 撒上黑胡椒粒、盐，煮至汤汁浓稠即可。

扫码看视频

制作指导

菌菇的品种不受局限，可挑选其他种类进行代替，别有一番风味。

什锦菇白酱意面

原料：

熟长意面120克

杏鲍菇、蟹味菇、香菇各50克

培根适量

蒜末、奶酪粉各少许

高汤20毫升

橄榄油1匙

盐2克

黑胡椒碎少许

白葡萄酒10毫升

基础白酱100克

做法：

① 洗净的杏鲍菇、香菇切片；蟹味菇切除根部，撕成小朵；培根切小条，备用。

② 锅中注入橄榄油烧热，放入蒜末炒香。

③ 加入杏鲍菇、蟹味菇、香菇炒软，加入培根炒匀。

④ 淋入白葡萄酒、高汤，倒入基础白酱煮匀。

⑤ 撒上黑胡椒碎、盐调味，略炒一会儿至酱汁收稠。

⑥ 放入熟长意面拌匀，装盘，撒上奶酪粉即可。

制作指导

香蕉易氧化，切好后应尽快烹制。

扫码看视频

香蕉比萨

原料：

高筋面粉60克

酵母粉3克

比萨酱40克

香蕉片60克

奶酪碎40克

盐、鸡粉各适量

白糖15克

食用油10毫升

做法：

① 将高筋面粉倒在案台上，开窝；倒入酵母粉、盐、鸡粉、白糖，混匀；加入食用油，拌匀；倒入温水；用刮板刮入面粉，将材料拌匀；用手反复揉搓，揉成光滑的面团；将揉好的面团压扁，用擀面杖擀成比萨圆盘大小的面皮。

② 面皮放入比萨圆盘中，稍加整理，使面皮和盘完整贴合；用叉子在面皮上均匀地扎出小孔，常温下放置发酵至约2倍体积。

③ 将比萨酱在发酵好的面皮上抹匀，在面皮上均匀地放上香蕉片，撒上奶酪碎，比萨生坯制成。

④ 预热好烤箱，放入比萨生坯；关上箱门，将上火温度调至200℃，下火温度调至180℃，烤12分钟即可。

扫码看视频

制作指导

可依个人喜好，适当增加沙拉酱的
用量。

黄桃培根比萨

原料：

高筋面粉200克

酵母3克

黄油20克

盐1克

鸡蛋1个

白糖10克

奶酪丁40克

黄桃块80克

培根片50克

青、黄、红彩椒粒各40克

洋葱丝30克

沙拉酱20克

做法：

1 高筋面粉倒在案台上，用刮板开窝；加水、白糖、酵母、
盐，搅匀；放入鸡蛋，搅散；刮入高筋面粉，混合均匀；
放入软化的黄油，混匀；将混合物搓揉至纯滑的面团。

2 取一半面团，用擀面杖均匀擀成圆饼状面皮；放入比萨圆
盘中，修整至与圆盘贴合；再用叉子均匀地扎出小孔。

3 处理好的面皮常温发酵至约2倍体积，发酵好的面皮上放
培根片、黄桃块、洋葱丝、黄彩椒粒、红彩椒粒、青椒
粒；刷上沙拉酱，撒上奶酪丁，比萨生坯制成。

4 预热烤箱，温度调至上下火200℃；将装有比萨生坯的比
萨圆盘放入预热好的烤箱中，烤5分钟至熟后即成。

腊肉含有蛋白质、脂肪、碳水化合物、磷、钾、钠等营养物质，具有开胃祛寒、增进食欲等功能。

扫码看视频

腊肉比萨

原料：

高筋面粉200克
酵母3克
白糖10克
黄油20克
盐1克
水80毫升
鸡蛋1个
奶酪丁40克
腊肉粒、玉米粒各40克
青椒粒30克
洋葱丝35克
黑胡椒、沙拉酱、番茄酱各少许

做法：

① 高筋面粉倒在案台上，用刮板开窝；加水、白糖、酵母、盐，搅匀；放鸡蛋，搅散；刮入高筋面粉，混合均匀；放入黄油，混匀；将混合物搓揉至纯滑面团。

② 取一半面团，用擀面杖均匀擀成圆饼状面皮，放入比萨圆盘中，修整至与圆盘贴合，再用叉子均匀地扎出小孔。

③ 处理好的面皮常温发酵至约2倍体积，发酵好的面皮上均匀放上腊肉粒、黑胡椒、洋葱丝、番茄酱、玉米粒、青椒粒，刷上沙拉酱，均匀铺上奶酪丁，比萨生坯制成。

④ 预热烤箱，温度调至上下火200℃，将装有比萨生坯的比萨圆盘放入预热好的烤箱中，烤10分钟至熟即可。

扫码看视频

制作指导

可依个人喜好，适当增加奶酪用量，调制口味。

芝心比萨

原料：

高筋面粉200克
酵母3克
白糖10克
黄油20克
水80毫升
盐1克
鸡蛋1个
奶酪丁、腊肠块各40克
洋葱丝、玉米粒、蟹棒
丁各30克
山药丁50克
培根片60克
番茄酱适量

做法：

① 高筋面粉倒在案台上，用刮板开窝；加水、白糖搅匀。加入酵母、盐，搅匀；放入鸡蛋，搅散；刮入高筋面粉，混合均匀；放入黄油，混匀；将混合物搓揉至纯滑面团。

② 取一半面团，用擀面杖均匀擀成圆饼状面皮，放入比萨圆盘中，修整至与比萨圆盘完整贴合，再用叉子扎出小孔。

③ 处理好的面皮常温发酵至约2倍体积。发酵好的面皮上铺一层玉米粒，挤上番茄酱，放上腊肠丁、山药丁、洋葱丝、蟹棒丁、培根片、奶酪丁，比萨生坯制成。

④ 预热烤箱，温度调至上下火200℃；将装有比萨生坯的比萨圆盘放入预热好的烤箱中，烤10分钟至熟即可。

扫码看视频

制作指导

虾仁含有蛋白质、维生素A、牛磺酸、钾、碘等营养成分，具有益气补虚、强身健体等功效。

鲜蔬虾仁比萨

原料：

高筋面粉200克

白糖10克

鸡蛋1个

酵母3克

黄油20克

水80毫升

盐1克

西蓝花45克

虾仁、玉米粒、奶酪丁各40克

番茄酱适量

做法：

① 将高筋面粉倒在案台上，用刮板开窝；加白糖、酵母、盐、水搅匀；加鸡蛋，搅散；刮入高筋面粉，混匀揉成面团；将面团按扁，加入黄油，包好，搓揉成纯滑的面团。

② 取一半面团，将面团擀成薄厚一致的圆饼状面皮，放入圆盘中，修整贴合；用叉子在面皮上扎出小孔，包上保鲜膜发酵。

③ 在发酵好的面皮上铺一层玉米粒，放上已切小块的西蓝花和虾仁，均匀地挤上番茄酱。

④ 再撒上一层奶酪丁，制成比萨生坯，放入烤盘；预热烤箱，温度调至上下火200℃，烤10分钟至熟即可。

制作指导

洋葱不仅含糖、蛋白质及多种矿物质、维生素等，还含有一种多肽物质，可降低癌症的发生概率。

火腿鲜菇比萨

原料：

高筋面粉200克
黄油20克
水80毫升
盐1克
鸡蛋1个
白糖10克
酵母3克
奶酪丁、青椒粒各40克
洋葱丝、玉米粒、香菇片各30克
火腿粒50克
西红柿片45克

做法：

① 高筋面粉倒在案台上，用刮板开窝；加水、白糖、酵母、盐，搅匀；放入鸡蛋，搅散；刮入高筋面粉，混合均匀；再倒入黄油，将混合物搓揉至纯滑面团。

② 取一半面团，擀成圆面皮；将面皮放入比萨圆盘中，修整至与圆盘完整贴合，用叉子在面皮上均匀地扎出小孔。

③ 面皮放置常温发酵至约2倍体积，再撒入玉米粒、火腿粒、香菇片、洋葱丝、青椒粒，加入西红柿片，均匀撒上奶酪丁，比萨生坯制成。预热烤箱，温度调至上下火200℃。

④ 将装有比萨生坯的比萨圆盘放入预热好的烤箱中，烤15分钟至熟。取出烤好的比萨即可。

清爽可口的沙拉

扫码看视频

燕麦沙拉

原料：

燕麦50克
樱桃萝卜20克
面包块50克
香菜5克
盐、酱油、醋各少许
沙拉酱10克

做法：

1 樱桃萝卜洗净切片；香菜洗净切段。

2 燕麦放入锅里，炒熟。

3 取一干净的碗，放入燕麦、樱桃萝卜和面包块。

4 加入沙拉酱、盐、酱油、醋，拌匀，点缀上香菜即可。

蔬菜春卷沙拉

原料：

生菜15 克

红椒10 克

青椒15 克

胡萝卜20克

奶酪30克

春卷皮3张

莎莎酱适量

做法：

1. 洗净的生菜撕成块，洗净的青椒切长条，洗净的红椒斜刀切圈。

2. 胡萝卜去皮洗净，切条，焯水。

3. 奶酪切成块。

4. 将春卷皮切成条，卷成圆柱形，放入盘中。

5. 将所有原料均匀放入春卷皮中，放入莎莎酱即成。

鸡蛋豌豆鲜蔬沙拉

原料：

豌豆50克

熟鸡蛋50克

南瓜50克

玉米粒50克

白萝卜10克

莳萝少许

凯撒酱适量

做法：

1. 熟鸡蛋去壳，切半。

2. 豌豆、玉米粒均洗净，焯熟。

3. 白萝卜洗净，切条，倒入沸水锅中焯水片刻，捞出。

4. 南瓜去皮，切丁，倒入沸水锅中焯水片刻，捞出。

5. 将以上所有食材装入碗里，加入凯撒酱，拌匀，饰以莳萝即可。

扫码看视频

制作指导

牛油果肉可以切得碎一点，口感会更好。

牛油果沙拉

原料：

牛油果300克

西红柿65克

柠檬60克

青椒35克

红椒40克

洋葱40克

蒜末少许

黑胡椒2克

橄榄油、盐各适量

做法：

① 洗净的青椒去籽，切丁；洗好的洋葱切成块；洗净的红椒切开，去籽，切成条，再切丁；洗净的西红柿切片，切条，改切丁。

② 洗净的牛油果对半切开，去核，挖出瓤，留取牛油果盅备用，将瓤切碎。

③ 取一个碗，放入洋葱、牛油果、西红柿；再放入青椒、红椒、蒜末；加入盐、黑胡椒、橄榄油，搅拌均匀。

④ 将拌好的沙拉装入牛油果盅中，挤上少许柠檬汁即可。

酸甜的柠檬汁和鲜美的海鲜搭配，不仅去腥，还能提鲜。
早餐来一份，开启清爽又充满活力的一天吧！

柠香海鲜沙拉

原料：

鲜虾、鱿鱼各80克

胡萝卜50克

荷兰豆30克

柠檬、橙子各1个

姜片、葱段各少许

塔塔酱、熟玉米粒适量

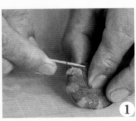

做法：

1. 鲜虾挑出虾线（图1）；鱿鱼切花刀。

2. 胡萝卜洗净去皮，切出形状，放入沸水中，焯至熟透（图2）。

3. 荷兰豆洗净，对半切开，放入沸水中焯熟，捞出。

4. 柠檬切片，留半个备用；沸水中放入葱段、姜片、柠檬片（图3）。

5. 鱿鱼、鲜虾放入沸水中，焯熟后捞出放入碗中（图4）。

6. 橙子取瓣，切成小块，放入碗中，加入玉米粒，挤入柠檬汁，食用时拌入塔塔酱，搅匀即可。

制作指导

焯煮鱿鱼和虾仁时，不宜煮太久，以免
影响了鲜嫩的口感。

Part

精心呵护全家：

不同人群的专属早餐

一家人坐在一起开心地吃一顿营养健康的早餐，
以此开启元气满满的一天。
本章按照家庭中不同人群的不同需求，
分别为每一位家庭成员精选专属早餐，
让全家都吃得营养，身体倍棒！

孕妈的均衡营养早餐

制作指导

桂圆肉可先用温水浸泡一会儿，这样更容易打碎成浆。

扫码看视频

桂圆红豆豆浆

原料：

水发红豆50克
桂圆肉30克

做法：

① 将已浸泡6小时的红豆倒入碗中；加入适量清水，用手搓洗干净；将洗好的红豆倒入滤网，沥干水分。

② 把红豆、桂圆肉倒入豆浆机中，注入适量清水，至水位线即可。

③ 盖上豆浆机机头，选择"五谷"程序，再选择"开始"键，开始打浆。

④ 待豆浆机运转约15分钟，即成豆浆；将豆浆机断电，取下机头，把煮好的豆浆倒入碗中，用汤匙撇去浮沫；待稍微放凉后即可饮用。

扫码看视频

制作指导

南瓜含有丰富的微量元素，具有提高人体免疫力、增强食欲等作用。

南瓜燕麦粥

原料：

南瓜肉150克
燕麦片80克
白糖少许

做法：

① 将洗净的南瓜肉切开，改切片。

② 锅中注入适量清水烧开，倒入南瓜片，拌匀；煮约6分钟，边煮边碾压，至南瓜肉呈泥状。

③ 再倒入备好的燕麦片，搅拌均匀；用中火煮约3分钟，至食材熟透。

④ 加入适量白糖，搅拌匀，煮至糖分溶化；关火后盛出煮好的麦片粥，装在碗中即可。

香糯玉米粥

原料：

玉米粒80克
水发糯米50克
白糖适量

做法：

① 锅中注入清水烧开，倒入糯米。

② 再加入玉米粒，略微搅拌。

③ 盖上锅盖，大火煮开后转小火续煮40分钟。

④ 揭开锅盖，放入适量白糖，搅拌至完全溶化，盛出装入碗
中即可。

扫码看视频

制作指导

燕麦很容易粘在锅底，所以煮的时候要不停地搅拌。

牛奶麦片粥

原料：

燕麦片50克
牛奶150毫升
白糖少许

做法：

① 砂锅中注入少许清水烧热，倒入备好的牛奶。

② 用大火煮沸，放入备好的燕麦片，拌匀、搅散。

③ 转中火，煮约3分钟，至食材熟透。

④ 加入适量白糖调味；关火后盛出麦片粥，装入碗中即成。

扫码看视频

鸡蛋炒面

原料：

熟面条350克

鸡蛋液100克

葱花少许

盐2克

鸡粉少许

生抽4毫升

食用油适量

做法：

① 将鸡蛋液搅散，调匀，待用。

② 油锅烧热，倒入调好的蛋液，炒匀；炒至五六成熟，关火后盛出，待用。

③ 另起锅，注入少许食用油烧热，撒上葱花，炸香；倒入备好的熟面条，炒匀，放入炒过的鸡蛋。

④ 拌匀，淋上生抽，加入盐、鸡粉；翻炒一会儿，至食材入味；关火后盛出面条，装在盘中即成。

西红柿含有胡萝卜素、番茄红素、维生素C、B族维生素及钙、磷、钾、镁等营养成分，有益健康。

西红柿疙瘩面

原料：

西红柿100克

洋葱30克

面粉80克

干罗勒叶、奶酪碎各

少许

食用油适量

做法：

① 洗净的西红柿切成小块；洋葱清洗干净，再切碎。

② 面粉中缓慢加入50毫升温开水，拌匀，形成小疙瘩。

③ 热锅注油烧热，倒入洋葱，炒至透明。

④ 加入西红柿炒软，倒入少许清水，将西红柿炖烂。

⑤ 加入面疙瘩，慢慢搅拌使其不粘连后煮至熟。

⑥ 将煮好的疙瘩汤盛出，撒上干罗勒、奶酪即可。

制作指导

芹菜营养丰富，但纤维素比较多，不易消化吸收，所以给孩子食用时应煮得烂熟一些。

芹菜米粉

原料：

芹菜50克
米粉适量

做法：

① 芹菜洗净，去叶，切碎。

② 锅中倒入适量清水煮沸。

③ 倒入芹菜碎煮软，倒入米粉搅拌至黏稠即可。

草莓富含各种维生素和其他微量元素，可增强宝宝的抵抗力。

草莓米汤

原料：

草莓20克

大米30克

做法：

1. 草莓洗净，切成小块。

2. 大米淘洗干净。

3. 锅中注入适量清水烧沸，倒入大米、草莓。

4. 大火煮沸后转小火，同煮成粥。

5. 晾凉，取米粥上层的米汤稠即可。

西红柿能促进消化吸收。

西红柿泥

原料：

西红柿半个

做法：

① 西红柿洗净，用开水汆烫片刻，去掉外皮。

② 取半个西红柿，切成小块。

③ 取搅拌机，倒入西红柿块制成泥即可。

扫码看视频

制作指导

小米口味清淡，营养价值较高。此外，小米中铁含量较高，非常适合宝宝食用。

小米芝麻糊

原料：

水发小米80克
黑芝麻40克

做法：

① 取杵臼把黑芝麻捣碎，装盘。

② 砂锅中注入清水烧开，倒入小米烧开，改小火煮30分钟至熟。

③ 倒入芝麻碎，拌匀，煮15分钟至入味，关火盛出即可。

圆白菜富含维生素C、维生素E、
β-胡萝卜素等微量元素，对婴幼
儿的身体发育有益。

时蔬瘦肉泥

原料：

瘦肉20克
圆白菜10克
洋葱10克
韭黄10克

做法：

1. 瘦肉、洋葱切碎；圆白菜、韭黄洗净。

2. 将瘦肉和洋葱蒸至熟软。

3. 圆白菜和韭黄放入滚水中，焯烫1分钟后捞起沥干切碎。

4. 将所有食材搅拌均匀即可。

制作指导

汆煮猪肉时要把浮沫撇去，以免它们附着在肉上，影响卫生和口感。

胡萝卜瘦肉汤

原料：

胡萝卜40克
猪瘦肉30克

做法：

1. 猪瘦肉、胡萝卜均洗净，切成丁。

2. 锅中注清水，放瘦肉、胡萝卜同煮。

3. 大火煮沸后转小火煮至熟烂。

4. 关火盛出即可。

制作指导

核桃仁可以切得碎一些，这样打好的豆浆口感会更细腻。

扫码看视频

核桃芝麻豆浆

原料：

水发黄豆100克
核桃仁35克
黑芝麻30克

做法：

① 泡发的黄豆倒入豆浆机中。

② 撒上洗净的黑芝麻和核桃仁。

③ 注入适量清水，至水位线即可。

④ 盖上豆浆机机头，选择"五谷"程序，再选择"开始"键，待其运转约15分钟。

⑤ 断电后取出机头，倒出煮好的豆浆，装入碗中即可。

扫码看视频

南瓜小米粥

原料：

南瓜肉110克
水发小米80克
白糖10克

做法：

1. 将洗净的南瓜肉切片，再切小块。

2. 砂锅中注入适量清水烧开，倒入洗净的小米；盖上盖，烧开转小火煮约30分钟，至米粒变软。

3. 揭盖，倒入切好的南瓜，搅拌均匀；再盖上盖，用小火续煮约15分钟，至食材熟透。

4. 揭盖，搅拌几下，关火后盛出煮好的南瓜粥；装在小碗中，食用时加入少许白糖拌匀即可。

鲜美的菌菇搭配爽滑的乌冬面，早餐来一份，香而不腻。

杂菇乌冬面

原料：

乌冬面300克

猪肉薄片30克

杏鲍菇100克

白玉菇、大葱、柴鱼高汤各适量

食用油、盐、胡椒粉、清酒各适量

做法：

① 杏鲍菇、白玉菇均洗净，切小块（图1）；大葱切薄片（图2）。

② 热锅注入食用油烧热，倒入猪肉薄片、大葱，炒出香味（图3）；倒入菌菇，炒匀，倒入柴鱼高汤（图4）。

③ 加入清酒、盐、胡椒粉，拌匀，加盖，中火煮20分钟至入味（图5）。

④ 汤锅注水烧开，放入乌冬面，将其煮熟，捞出放入盛有冷开水的碗中，浸泡降温（图6）。

⑤ 将煮好的杂菇汤盛出装入碗中，撒上葱花。

⑥ 备小碗，装入降温后的乌冬面，食用时在冷面上浇热汤即可。

制作指导

菌菇的味道鲜美，但是储存较为麻烦，
新鲜的菌菇最好放在干燥阴凉的地方，
能保存更长的时间。

蘑菇通面

原料：

通心意面50克
口蘑20克
蒜末、淡奶油、奶酪粉各适量
盐、黑胡椒、橄榄油各少许

做法：

① 锅中注入清水烧开，加入少许盐，倒入通心意面煮5分钟至软。

② 口蘑洗净切成片，待用。

③ 热锅注橄榄油烧热，倒入蒜末、口蘑，翻炒出香味；倒入淡奶油，加入盐、黑胡椒，翻炒均匀。

④ 将煮好的意面倒入炒锅内继续翻炒。

⑤ 炒至意面完全入味盛出，撒上奶酪粉即可。

扫码看视频

肉松三明治

原料：

鸡蛋1个

吐司4片

肉松适量

沙拉酱适量

食用油适量

做法：

① 煎锅放入适量的油，打入鸡蛋，煎约1分钟至两面微焦，盛入盘中备用。

② 取1片吐司，刷上沙拉酱，放上肉松，盖上另1片吐司，刷上沙拉酱，放入煎鸡蛋，放1片吐司，涂抹一层沙拉酱，铺上肉松，盖上第4片吐司，三明治制成。

③ 用刀切去三明治吐司的边缘，将三明治对半切开，最后装盘即可。

水蛋牛油果酱三明治

原料：

鸡蛋1个

牛油果60克

土豆50克

三明治2片

综合香草少许

小松菜叶少许

盐、黑胡椒各适量

做法：

① 锅中注水烧开，撒入少许盐，放入洗净去皮的土豆，煮熟；将煮熟的土豆盛出放凉，捣成土豆泥；将盐、黑胡椒放入土豆泥内，拌匀待用。

② 将吐司放入刷了油的螺纹平底锅内，烤出花纹，备用。将土豆泥铺在1片吐司上。

③ 锅中注入适量清水，烧至80℃将火关至最小；敲入鸡蛋，浸煮2分钟，盛出摆在土豆泥上。

④ 再撒上综合香草、小松菜叶，叠上另1片吐司即可。

猪肉白菜馅大包子

原料：

面粉300克

白糖50克

酵母粉10克

白菜145克

肉末200克

甜面酱20克

水发木耳、葱花、姜末各适量

盐4克

鸡粉2克

食用油、老抽各适量

做法：

① 木耳切碎，白菜切粒，装入碗中，放适量盐，腌渍10分钟，挤去多余的水分。

② 肉末、木耳、姜末、葱花倒入碗中，放甜面酱、白菜，加盐、鸡粉、食用油、老抽，拌匀制成馅料。

③ 取一碗，倒入面粉，放酵母粉、白糖，拌匀；再倒入适量温开水揉成面团，发酵至约2倍体积；面团揉匀，搓成长条，揪成剂子，擀制成包子皮。

④ 在包子皮上放入适量馅料，制成生坯；取蒸笼屉，将包底纸摆放在上面，放上生坯；蒸锅蒸15分钟至熟即可。

扫码看视频

极具粤食风味的叉烧炒饭，色彩明艳、香味俱全、鲜美可口，原本普通的炒饭也能让人惊艳。

叉烧炒饭

原料：

米饭190克

叉烧60克

蛋液60克

洋葱70克

盐2克

鸡粉2克

食用油适量

做法：

1. 备好的叉烧切成丁；洗好的洋葱切开，再切成小丁（图1）。

2. 热锅注油烧热，倒入叉烧、洋葱，炒香（图2）。

3. 倒入备好的米饭，快速翻炒松散（图3）。

4. 倒入蛋液，翻炒均匀（图4）。

5. 加入盐、鸡粉，翻炒入味；关火后将炒好的饭盛出装入碗中即可。

1

2

3

4

制作指导

切叉烧时可以将上面的肥肉切掉，口感
会更清爽。

扫码看视频

菠萝牛奶汁

原料：

牛油果25克

去皮菠萝90克

菠菜40克

黄椒10克

青柠片8克

牛奶45毫升

盐适量

做法：

① 将牛油果纵向切开，去掉果核，用勺子取出果肉，再切成小块备用。

② 菠萝洗净切小块，放入加了盐的水中浸泡一会儿。

③ 菠菜去除根部，切小段后焯水，捞出备用；黄椒清洗干净，切成块状，备用。

④ 将处理好的食材放进榨汁机中，加一片青柠片，倒入牛奶。盖上榨汁机盖，选择"榨汁"功能，搅拌成液体状态，装杯后以青柠片装饰即可。

扫码看视频

制作指导

猪肝具有补肾养血、滋阴润燥、增
强免疫力等功效。煮猪肝的时间不
要太久，以免口感变差。

瘦肉猪肝粥

原料：

水发大米160克

猪肝片90克

瘦肉75克

生菜叶30克

姜丝、葱花各少许

盐2克

料酒4毫升

水淀粉、食用油各适量

做法：

① 将瘦肉、生菜叶切成细丝，待用；将切好的猪肝装入碗中，加入少许盐、料酒；再倒入水淀粉，搅拌匀，淋入适量食用油，腌渍10分钟，至其入味，备用。

② 砂锅中注入适量清水烧热，放入大米搅匀；盖上盖，用中火煮约20分钟至大米变软；倒入瘦肉丝，搅匀。

③ 再盖上盖，用小火续煮20分钟至熟；倒入腌好的猪肝，搅拌片刻，撒上姜丝，搅匀；加入生菜丝，少许盐，搅匀。

④ 将煮好的粥盛出，装入碗中，撒上葱花即可。

扫码看视频

火腿肠炒面

原料：

水发木耳80克

上海青70克

黄豆芽45克

火腿肠120克

熟宽面条150克

盐、鸡粉各2克

生抽5毫升

老抽3毫升

食用油适量

做法：

① 火腿肠切菱形片，洗净的木耳切丝，上海青切块，黄豆芽切段。

② 用油起锅，倒入火腿肠，翻炒一下，倒入木耳，炒匀；倒入熟宽面条，炒匀，倒入黄豆芽，炒均匀。

③ 加入生抽、老抽，炒匀；倒入上海青，略炒，加入盐、鸡粉，炒制入味。

④ 关火后盛出炒好的面即可。

圆生菜鸡蛋沙拉

原料：

烤面包20克
圆生菜45克
鸡蛋1个
酸奶酱适量

做法：

① 圆生菜清洗干净，沥干水分，用手撕成小片。

② 烤面包切成小块。

③ 锅中注水，放入鸡蛋，煮至鸡蛋五成熟时熄火，取出鸡蛋，切块备用。

④ 将圆生菜、面包、鸡蛋放入盘中。

⑤ 食用时拌入酸奶酱即可。

要做出嫩软蓬松厚实的蛋饼，可以只取蛋白，加牛奶或奶油或水，快速搅拌，打出泡沫包住蛋内水分。

鲜虾欧姆蛋三明治

原料：

吐司2片

切达奶酪1片

冷冻虾3只

鸡蛋2个

洋葱50克

酸黄瓜1个

盐、番茄酱、芥末酱

各适量

做法：

① 将切达奶酪切成长宽各1厘米的四方形；冷冻虾放入盐水中解冻，切成小粒；洋葱切小块；将鸡蛋拌匀，加入切块的奶酪、虾、洋葱，再倒入牛奶，拌匀并加入少许盐。

② 在平底锅中加入食用油，将蛋液倒入平底锅中做成欧姆蛋，起锅对半切开。

③ 将酸黄瓜捣碎，吐司的一面抹上番茄酱，再加入捣碎的酸黄瓜，放上做好的鲜虾欧姆蛋。

④ 最后加适量的番茄酱和芥末酱即可。

扫码看视频

制作指导

虾是一种高蛋白、低脂肪食品，具有加强人体新陈代谢的功能。

黄油青酱海鲜意面

原料：

熟长意面100克

虾6只

带子2只

高汤适量

黄油15克

盐少许

罗勒青酱2大匙

白葡萄酒、黑胡椒粒

各适量

做法：

1. 锅中注水烧热，倒入带子煮至开口；加入虾，煮至变色；取带子肉和虾仁。

2. 平底锅中加入黄油化开，倒入带子肉、虾仁，翻炒。

3. 加入白葡萄酒、罗勒青酱，翻炒。

4. 加入适量高汤，用小火炖入味。

5. 加入熟长意面翻炒，加入盐，磨入黑胡椒粒调味，装盘即可。

扫码看视频

制作指导

荞麦含有脂肪、蛋白质、铁、磷、钙、维生素等成分，具有帮助消化、益脾健胃、增强免疫力等功效。

荞麦豆浆

原料：

水发黄豆80克

荞麦80克

白糖15克

做法：

① 把洗净的荞麦、黄豆倒入豆浆机中。

② 注入适量清水，至水位线即可。

③ 盖上豆浆机机头，选择"五谷"程序，再选择"开始"键，开始打浆；待豆浆机运转约15分钟，即成豆浆。

④ 将豆浆机断电，取下机头；将豆浆盛入碗中，加入少许白糖；搅拌片刻至白糖溶化即可。

扫码看视频

制作指导

黑米含有蛋白质、碳水化合物、膳食纤维、烟酸、B族维生素及磷、钾、镁、钙等营养成分，具有降低血糖、控制血压、延缓衰老等功效。

养生五米饭

原料：

大米90克

红米90克

高粱米90克

小米90克

黑米90克

香菜叶少许

做法：

1 取一碗，倒入清水，加入大米、红米、高粱米、小米、黑米；搅拌均匀，浸泡45分钟；将泡好的食材沥干水分，备用。

2 取一电饭煲，注入适量清水，倒入泡好的食材，拌匀。

3 盖上盖，选择"煮饭"键，开始煲饭，煲约30分钟至食材熟透。

4 将饭盛出，装入碗中，放上香菜叶装饰即可。

扫码看视频

红枣小米粥

原料：

水发小米100克
红枣100克

做法：

① 砂锅中注入适量清水烧热，倒入洗净的红枣。

② 盖上盖，用中火煮约10分钟，至其变软；关火后捞出，装在盘中，放凉；将晾凉后的红枣切开，取果肉切碎。

③ 砂锅中注入适量清水烧开，倒入备好的小米；盖上盖，烧开后用小火煮约20分钟，至米粒变软。

④ 揭盖，倒入切碎的红枣，搅散、拌匀，略煮一小会儿；关火后盛出煮好的粥，装在碗中即成。

扫码看视频

制作指导

薏米、红豆、莲子、粳米四者完美搭配，可达到健脾养胃、美容养颜、消脂减肥的效果。

薏米红豆莲子粥

原料：

薏米红豆莲子粥材料包（薏米、红豆、莲子、粳米）1包
水800毫升

做法：

① 将洗净泡发好的食材捞出，沥干水分装入盘中。

② 砂锅置于灶上，倒入泡发食材的水；再注入适量的清水，烧开。

③ 掀开锅盖，倒入泡发好的食材，搅拌均匀。

④ 盖上锅盖，煮沸后转小火煮20分钟；掀开锅盖，持续搅拌片刻。

⑤ 盖上锅盖，小火续煮40分钟至食材熟透。

⑥ 掀开锅盖，搅拌片刻；将煮好的粥盛出装入碗中即可。

南瓜可以健脾，南瓜粥又很容易消化。此外，南瓜还含有锌，有降低血糖的作用，非常适合老年人食用。

香糯南瓜粥

原料：

大米100克

南瓜150克

盐少许

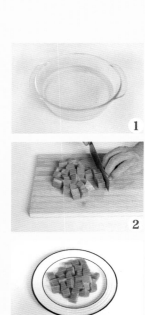

做法：

1. 大米提前用水浸泡（图1）；南瓜洗净去皮，再切成小块（图2）。

2. 南瓜装入盘中，放入蒸锅，大火蒸至熟透，取出放凉（图3）。

3. 用勺子捣碎成泥（图4）。

4. 砂锅注水烧开，倒入大米（图5），盖上盖焖煮25分钟。

5. 揭盖，加入南瓜泥和盐，搅拌均匀，再煮5分钟即可（图6）。

制作指导

蒸南瓜时可以加入少许白糖，会使蒸好的南瓜更美味可口，放入粥后也会使粥更美味。

黑米粥

原料：

黑米100克
糯米40克
白糖25克

做法：

1. 洗净的黑米、糯米在清水中浸泡30分钟。

2. 将洗好的黑米、糯米倒入锅中，注入适量清水。

3. 盖上锅盖，大火煮开后转中火煮40分钟。

4. 揭开锅盖，倒入备好的白糖，搅拌至完全溶化入味。

5. 将煮好的粥盛出，装入碗中即可。

小米含有多种维生素、氨基酸、脂肪和碳水化合物，营养价值较高，所含的蛋白质不低于稻和麦。

香甜金银米粥

原料：

大米60克

糯米50克

小米50克

做法：

① 把大米、糯米和小米混合，冲洗干净后倒入砂锅。

② 加入约米量的10倍的清水。

③ 点火，用大火煮开。

④ 煮开后关小火，盖上锅盖煮30~60分钟即可。

可选用袋装或罐装的甜玉米粒，口
感更细嫩香甜。

小米玉米粥

原料：

玉米碎40克
小米70克
冰糖适量

做法：

① 将小米和玉米碎淘洗干净。

② 将小米和玉米碎放入锅内。

③ 锅中加水，开大火煮。

④ 煮至熟透，营养的小米玉米粥就出锅了。

⑤ 按自己的喜好加入冰糖即可。

扫码看视频

制作指导

粥中还可加入适量红糖，能起到补血的效果。

莲子山药九谷养生粥

原料：

莲子山药九谷养生粥
材料包1包（粳米、
花生、白芸豆、大麦
米、荞麦、银耳、莲
子、糯米、山药）
水800毫升

做法：

① 将材料洗净后浸泡2小时。

② 砂锅注水烧开，倒入泡好的材料，搅拌均匀；加盖，用大火煮开后转小火煮20分钟至材料微软。

③ 搅拌均匀，续煮40分钟至粥品黏稠。

④ 揭盖，搅拌一下，关火后盛出煮好的粥，装碗即可。

Part

5

健康美味搭配：

丰盛的全家营养套餐

呵护家人的健康，
就是呵护属于自己的幸福。
本章节为大家介绍了多款营养美味的早餐套餐，
在满足家人的口味变化需求的同时也能兼顾健康。

02 蜜糖吐司

01 日式炖菜

炖蔬菜美味早餐

01 日式炖菜

原料:

冬笋150克,胡萝卜100克,莲藕120克,芋头150克,荷兰豆80克,蘑菇50克,柴鱼高汤适量,味淋、清酒各15毫升,白糖10克,盐3克,日式酱油20毫升,食用油适量

做法:

① 冬笋、胡萝卜、莲藕、芋头处理好,切滚刀块。

② 热锅注水烧开,加入食用油、盐,放入荷兰豆,汆煮后捞出。

③ 再加入冬笋、胡萝卜、莲藕、芋头、蘑菇,汆去涩味,捞出待用。

④ 热锅注油,将除荷兰豆以外的蔬菜倒入搅匀;倒入柴鱼高汤,大火煮沸,再加味淋、清酒。

⑤ 加糖,煮一下后尝尝咸淡,加适量日式酱油,盖上盖。

⑥ 中火将蔬菜煮至熟,加入荷兰豆,搅拌片刻,再转大火收汁即可。

02 蜜糖吐司

原料:

吐司2片,蜂蜜少许

做法:

① 吐司上均匀地刷上蜂蜜。

② 放入烤箱,以180℃烤5分钟。

③ 取出即可。

01 圆白菜蛋饼

*02*玉米杂粮饭

03 醋味萝卜丝

圆白菜蛋饼早餐

01 圆白菜蛋饼

原料：

圆白菜1个，鸡蛋4个，高汤50毫升，盐、食用油各适量

做法：

① 圆白菜切成小块，装入碗中，加入少许盐，拌匀。

② 鸡蛋打入碗中，加入高汤，搅拌匀。

③ 煎锅注油烧热，倒入圆白菜，炒软。

④ 将圆白菜均匀地铺在锅底，倒入蛋液。

⑤ 待底部定形，盖上锅盖，将鸡蛋焖熟即可。

02 玉米杂粮饭

原料：

玉米粒30克，黑米、大米各40克

做法：

① 黑米、大米洗净泡发。

② 电饭锅注水，放入玉米粒、黑米、大米，拌匀。

③ 选定"煮饭"键，将杂粮米饭焖熟即可。

03 醋味萝卜丝

原料：

白萝卜200克，醋、盐、白糖、芝麻油各适量

做法：

① 白萝卜去皮，切成粗丝。

② 白萝卜丝装入碗中，加入少许盐，拌匀腌软。

③ 腌好的白萝卜挤去多余的汁水，装入碗中。

④ 加入醋、白糖、芝麻油，搅拌均匀即可。

01 杂粮饭团

02 蚝油生菜

杂粮养生早餐

01 杂粮饭团

原料：

黑米、大米各50克

做法：

① 黑米、大米洗净泡发。

② 电饭锅注水，放入黑米、大米，拌匀。

③ 选定"煮饭"键，将杂粮米饭焖熟。

④ 盛出米饭，将其搅拌散热至松散。

⑤ 手上蘸凉开水，取适量米饭，将其捏制成饭团即可。

02 蚝油生菜

原料：

生菜150克，蒜、葱各适量；生抽10毫升，蚝油8克，淀粉3克，食用油适量

做法：

① 生菜择洗干净；蒜拍碎切成粒；葱切成葱花。

② 锅中注水烧开，将生菜在开水中焯至断生，捞出。

③ 取一个小碗，加入生抽、蚝油、淀粉，再加一点水，拌匀，制成蚝油汁。

④ 锅中入油炸香蒜粒、葱花，加入蚝油汁熬3分钟左右。

⑤ 把熬好的汁倒入焯好的生菜上，搅拌均匀即可。

02 黑醋圣女果沙拉

03 黄油芦笋

01 水扑蛋

美味鸡蛋早餐

01 水扑蛋

原料:

鸡蛋1个，白醋少许

做法:

(1) 热锅注水烧至80℃，转最小火。

(2) 淋入少许白醋，打入鸡蛋。

(3) 用小火煮1分钟后将鸡蛋捞出即可。

02 黑醋圣女果沙拉

原料:

圣女果40克，洋葱20克，黑香醋、盐、橄榄油、蜂蜜各适量

做法:

(1) 将洗好的圣女果对切开。

(2) 洋葱处理好，切成丝。

(3) 圣女果与洋葱装入碗中，淋入黑香醋、蜂蜜。

(4) 再加入盐、橄榄油，拌匀即可。

03 黄油芦笋

原料:

芦笋50克，黄油适量

做法:

(1) 黄油放入锅中加热至化开，放入芦笋。

(2) 用中火将芦笋煎至熟透即可。

02 蔬菜杂烩

01 炖土豆面团

炖土豆面团与蔬菜杂烩

144

01 炖土豆面团

原料:

土豆300克，面粉130克，西红柿泥200克，白洋葱碎30克，大蒜10克，鳀鱼、罗勒叶、帕玛森奶酪各适量，盐4克，黑胡椒3克，橄榄油适量

做法:

① 洗净去皮的土豆蒸熟，碾压成土豆泥；将面粉加入土豆泥内，加入少许橄榄油，揉成光滑的面团；面团搓成条，逐个弄成小圆球。

② 锅中注水烧开，放入少许盐，加入面团，煮4分钟至浮起。

③ 面团捞起，装入碗中，淋入橄榄油，搅拌片刻。

④ 热锅注油烧热，放入洋葱碎、鳀鱼、大蒜，翻炒出香味；倒入西红柿泥，煮至浓稠，加入土豆团子，搅拌匀。

⑤ 加盐、黑胡椒、罗勒叶，翻炒调味，盛出装入盘子，撒上帕玛森奶酪，淋上橄榄油即可。

02 蔬菜杂烩

原料:

茄子40克，西葫芦40克，西红柿40克，青椒40克，洋葱40克，罗勒叶、黑醋、蜂蜜各少许

做法:

① 洗净的茄子、西葫芦、西红柿、青椒、洋葱切成薄片。

② 一片一片叠加在烤盘上，盖上锡纸。

③ 放在烤箱里180℃烤40分钟。

④ 将黑醋、罗勒叶、蜂蜜倒入小碗中，搅拌匀。

⑤ 取出烤好的蔬菜，浇上醋汁即可。

01 香煎三文鱼

02 芝麻拌菠菜

03 厚蛋烧

香煎三文鱼清爽早餐

01 香煎三文鱼

原料：

带皮三文鱼排适量，黑胡椒、盐、橄榄油各适量

做法：

① 处理好的三文鱼排撒上适量盐、黑胡椒。

② 涂抹均匀，再腌渍片刻。

③ 热锅注入橄榄油加热，放入鱼排。

④ 煎1.5分钟后翻一面，再煎1.5分钟。

⑤ 再将鱼皮煎1分钟，盛出即可。

02 芝麻拌菠菜

原料：

菠菜120克，芝麻适量，盐、食用油各适量，生抽、陈醋各少许

做法：

① 菠菜洗净，切段；热锅注水烧开，放入盐、食用油。

② 放入菠菜，氽至断生捞出，装入碗中，加入少许生抽、陈醋。

③ 拌匀装入小碗中，再撒上芝麻即可。

03 厚蛋烧

原料：

鸡蛋100克，盐、食用油各少许

做法：

① 鸡蛋打入碗中，加入盐，混合好。煎锅内加入少许油烧热，倒入一部分蛋液，烧至凝固。往自己的方向均匀卷起，再往里推到一边。

② 把剩余的蛋液继续加到锅里，起泡的地方就把它弄破。重复卷起，直到用完蛋液。

③ 做好的蛋卷可以稍微整形，切成适合的大小即可。

02 蛋卷饭团

01 姜汁烧肉

03 烤芝麻蔬菜沙拉

姜汁烧肉配蛋卷饭团

01　姜汁烧肉

原料：

猪肉300克，生姜泥少许，生抽8毫升，料酒6毫升，白糖4克，陈醋3毫升，食用油适量

做法：

① 猪肉切成薄片；热锅注油烧热，放入猪肉片，翻炒至变色。

② 倒入生抽、料酒、白糖、陈醋，快速翻炒均匀。

③ 加入备好的生姜泥，快速翻炒收汁即可。

02　蛋卷饭团

原料：

米饭200克，鸡蛋80克，海苔碎适量，盐2克，食用油适量

做法：

① 米饭装入碗中，加入海苔碎，搅拌匀。

② 将米饭逐个捏成大小一致的饭团。

③ 鸡蛋打入碗中，加入少许盐，拌匀。

④ 煎锅注油烧热，倒入少许蛋液，摊成蛋皮。

⑤ 待蛋液半熟，放入饭团，用筷子将蛋皮包裹住饭团即可。

03　烤芝麻蔬菜沙拉

原料：

生菜、洋葱各60克，烤芝麻沙拉酱少许

做法：

① 洗净的洋葱、生菜切成丝。

② 将切好的蔬菜装入碗中。

③ 浇上烤芝麻沙拉酱，拌匀即可。

01 意式炖西红柿汤

02 蒜香面包

蒜香面包与西红柿汤

01 意式炖西红柿汤

原料：

西红柿180克，土豆100克，洋葱80克，盐、橄榄油、淡奶油各适量

做法：

① 西红柿、洋葱、土豆洗净，均切小块。吐司上均匀地抹上黄油。

② 锅内倒入橄榄油加热，放入洋葱，翻炒到颜色透明。

③ 放入西红柿翻炒3分钟，再倒入土豆、清水，撒少许盐，盖上盖，煮25分钟左右。

④ 用搅拌棒将锅里的所有蔬菜搅碎。

⑤ 将煮好的汤装入碗中，浇上少许淡奶油即可。

02 蒜香面包

原料：

吐司3片，大蒜、黄油、橄榄油、欧芹碎各少许

做法：

① 大蒜切成片。

② 吐司上均匀地抹上黄油。

③ 蒜片上淋橄榄油，摆放在吐司上。

④ 将吐司放入预热好的烤箱内，以200℃烤制10分钟。

⑤ 取出后撒上欧芹碎即可。

01 鲜菇肉片汉堡

原料：

长条餐包3个，猪肉片80克，鲜香菇120克，洋葱60克，圆生菜100克，胡萝卜20克，酱油、黑胡椒各适量

做法：

① 长条餐包烤热，斜切开，备用。

② 猪肉片用少许酱油、黑胡椒腌15分钟。

③ 鲜香菇切片，洋葱、胡萝卜切丝，与猪肉片用锡纸一起包起来，放入烤箱中烤10分钟烤熟，备用。

④ 圆生菜洗净切丝，放入长条面包中，再夹入香菇、肉片即可。

02 无糖红茶

原料：

红茶包1个

做法：

将红茶包放入200毫升的开水中，泡2分钟后取出茶包即可。

鲜菇肉片汉堡套餐